Java 程序设计及实践应用研究

张 萌 梁 正 李 真 / 著

电子科技大学出版社
University of Electronic Science and Technology of China Press

·成都·

图书在版编目（CIP）数据

Java程序设计及实践应用研究 / 张萌，梁正，李真

著. —成都 : 电子科技大学出版社，2022.10

ISBN 978-7-5647-9912-0

Ⅰ.①J… Ⅱ.①张… ②梁… ③李… Ⅲ.①JAVA语

言—程序设计 Ⅳ.①TP312.8

中国版本图书馆CIP数据核字（2022）第191295号

内 容 简 介

Java语言是一种面向对象的语言，其功能强大，可移植性好，而且简单易学。本书注重Java语言的基本概念和编程技术的介绍，并结合应用实例较深入地分析程序设计的本质和特点，主要包括认识Java世界、Java语言基本元素、结构化程序设计、Java面向对象程序设计、数组和数组处理、异常处理、Java线程、Java图形用户界面、JDBC数据库编程等内容。本书内容全面，深入浅出，实用性强，对Java语言学习者、工作者和爱好者能够提供一定参考。

Java程序设计及实践应用研究

JAVA CHENGXU SHEJI JI SHIJIAN YINGYONG YANJIU

张　萌　梁　正　李　真　著

策划编辑　李述娜　　杜　倩
责任编辑　李述娜

出版发行　电子科技大学出版社
　　　　　成都市一环路东一段159号电子信息产业大厦九楼　　邮编　610051
主　　页　www.uestcp.com.cn
服务电话　028-83203399
邮购电话　028-83201495

印　　刷　北京亚吉飞数码科技有限公司
成品尺寸　170 mm×240 mm
印　　张　19.25
字　　数　353千字
版　　次　2023年4月第1版
印　　次　2023年4月第1次印刷
书　　号　ISBN 978-7-5647-9912-0
定　　价　98.00元

前　言

自1995年问世起，Java语言就一直是世界上主流的且非常受欢迎的计算机编程语言之一。如今，随着无线通信、移动互联、嵌入式等技术的快速发展，Java语言得到了更加广泛的应用和普及。无论是电子商务领域，还是各种手机应用程序、嵌入式产品、游戏产品的开发似乎都已经离不开Java语言。另外，Java语言是一种面向对象的语言，其功能强大，可移植性好，而且简单易学。因此，Java语言不断得到更多学习者、工作者和爱好者的青睐。对程序员来说，Java语言已成为一门必学的编程语言。本书注重基本概念和技术的介绍，并结合应用实例较深入地分析主要技术的本质和特点，充分体现了Java开发技术的应用与理论相结合的特点，使得读者能够准确、系统地掌握基本概念和核心技术。

全书共分9章。第1章为认识Java世界，主要介绍Java的发展历史、Java语言开发环境与开发工具、源程序的编译与运行、Java与Internet、Java程序的分类、Java编程规范。第2章为Java语言基本元素，主要对数据类型、标识符与关键字、常量与变量、运算符与表达式等内容进行详细介绍。第3章为结构化程序设计，主要对顺序结构、循环结构、选择结构、转跳语句进行详细叙述。第4章为Java面向对象程序设计，主要内容包括面向对象程序设计方法概述类与抽象类、多态性和方法的修饰符、this的用法、类的对象、软件包等。第5章为数组和数组处理，对一维数组、二维数组、对数组的操作等内容进行展开叙述。第6章为异常处理，主要内容包括异常、捕获异常、抛出异常(throw)、自定义异常类。第7章为Java线程，主要内容包括进程与线程、创建多线程、线程的优先级、控制线程、多线程同步、线程之间互相通信。第8章为Java图形用户界面，主要对Swing组件、布局管理器、事件进行详细叙述。第9章为JDBC数据库编程，主要内容包括JDBC概述、JDBC中常用的类和接口、操作数据库、应用JDBC事务、使用JPBC驱动程序编程、DBUtils通用类。

具体来说，本书具有以下几个特点。

（1）内容全面，技术最新：本书全面、细致地展示了Java的相关知识。无论是Java的基础理论，还是Java常用的技术及组件，在本书中都有具体、详细的介绍。

（2）结构合理，易学易用：本书从用户的实际需要出发，内容循序渐进、由浅入深。读者既可以按照本书编排的章节顺序进行学习，也可以根据自己的需求对某一章节进行针对性的学习。与传统的计算机书籍相比，阅读本书会带来更多的乐趣。

（3）理论与实践结合，实用性强：本书摒弃了枯燥的理论和简单的操作，通过具体的演示实例讲解每一个知识点的具体用法。

（4）精心安排内容，符合岗位需要：本书精心挑选与实际应用紧密相关的知识点和案例，从而让读者在学完本书后，能马上在实践中应用学到的技能。

全书由张萌、梁正、李真撰写，具体分工如下：

第2章、第7章、第9章，共11.42万字：张萌（山东医学高等专科学校）；

第1章、第3章、第4章，共10.97万字：梁正（山东医学高等专科学校）；

第5章、第6章、第8章，共10.52万字：李真（山东医学高等专科学校）。

本书内容全面，深入浅出，实用性强。作者在撰写本书时参考借鉴了一些国内外学者的有关理论、材料等，在这里对此一并表示感谢。由于作者水平有限以及时间仓促，书中难免存在一些不足和疏漏之处，敬请广大读者批评指正。

著　者

2022年4月

目　　录

1 认识Java世界

Java是Sun公司于1995年推出的新一代编程语言，随着因特网（Internet）的出现而快速发展。它通过Java虚拟机（Java Virtual Machine，JVM）在目标代码级实现平台无关性，大大加快和促进软件产品的开发。我们可以用它在各式各样的机器和操作平台的网络环境中开发软件。Java非常适合于企业网络和Internet环境，现在已成为Internet环境下非常受欢迎、非常有影响的编程语言。

1.1 Java的发展历史

1.1.1 Java历史概述

Java来自Sun公司的一个叫作"Green"的项目，其原先的目的是开发家用电器的软件，如为电烤箱、微波炉、个人数字助理等开发一个分布式代码系统，这样可以对它们进行控制，在它们之间进行信息交流。

Sun的资深软件专家James、Gosling领导这个开发小组。他们很快发现，现有的编程语言如C++无法满足需要。因为C++编写的程序必须针对某个特定的芯片编译后才能使用，移植性差；C++的复杂性使得编写可靠程序的难度很高，C++对系统资源的直接引用有着巨大的安全隐患。Gosling开始设计一种更适合消费类家用电器的新型编程语言。开始时这一语言被称为"Oak"（Oak是橡树的意思）。Oak的规模很小、很可靠，而且与硬件体系无关。Sun公司曾以此投标一个电视遥控器的项目，但是在市场上却遇到了挫折，没有得到足够的支持。

1994年，Sun的开发小组在继续完善Oak时，World Wide Web在Internet上如暴风骤雨般地发展起来。开发小组认识到Oak非常适合于Internet编程，因为这样的程序可以在由不同类型的计算机连接而成的网络上运行。于是，他们完成了一个用Oak编写的Web浏览器，称为HoUava，展示了Oak的威力。不久，Oak改名为Java，并且在SunWorld大会中正式发布，这样Java就诞生了。

1996年，许多著名的计算机公司都从Sun取得了Java的使用许可，如Microsoft、IBM、Oracle、Netscape、Borland、Novell Apple、Symantec，等等。支持Java的浏览器Navigator 2.0正式推出。随之出现了大量用Java编写的软件产品，Java技术终于得到了它应有的地位。不断推出的API（应用程序接口）为Java环境提供了高级图形、多媒体、网络等功能，JavaOS（Java语言操作系统）、Java芯片等也陆续推出。1997年，Sun推出了Java 1.1版，在运行速度上有了很大的提高。1998年底，Sun推出了Java 2平台，大大提高了Java的可移植性。安全性和功能使Java成为一种成熟的计算机语言。很多公司开发了强大的Java语言集成开发环境，如Symantec公司的Visual Cafe、Microsoft公司的Visual J++、IBM公司的Visual Age等。JBuilder是Borland公司的Java可视化开发环境，最新版JBuilder 3包括了Sun最新的Java开发工具箱（Java Development Kit，JDK）——Java 2，是目前非常优秀的编程环境。

Java是一种通用的、并发的、强类型的面向对象的编程语言。正是由于Java语言平台的无关性以及可靠性和安全性，为网络应用程序的开发提供了有力的保证。另外，Java语言的程序开发费用低、工作效率高，并提供了良好的用户界面和强大的开发工具，是一种比较理想的程序开发工具。

Java可以说是目前国内程序开发领域使用十分广泛的一门语言。Java是1991年由Sun Microsystems（曾经市值达到2000亿美元，全球市值第一，Coogle市值第二，当时只有300多亿美元，而同期的苹果公司市值只有不到100亿美元。Oracle 于2010年收购了Sun Microsystems）公司的James Gosling与他的同事们共同构想的成果。这门语言最初名为"Oak"，于1995年更名为"Java"，所以很多人说起Java的诞生，都是从1995年开始算的。Java语言最大的一个特点是跨平台，因此随着Internet 和Web网络的出现，以及Web网络对可移植程序的需求，Java被推到了计算机语言设计的前沿，开始发挥它独特的魅力。

1.1.2 发展方向

Java技术新、发展快，可能读者在看到本书时，Java类库中某些类已被功能更强大的类所替换，开发工具提供大量的自动代码生成，并提供非常好用的用户界面设计工具。

（1）语言规范。Java的语言规范主要基于C++，抛弃了其不适合于Internet网络异构性的东西，比如，基本数据类型的字节大小不固定，以及严重影响网络安全性和稳健性的指针等，其他基本的语法和句法不会有什么变化。

（2）JDK（Java开发工具）。Java可以编写多线程，网络程序非常简单，这是通过其JDK实现的。所谓的JDK，不是像Windows SDK（软件开发工具）那样，有成百上千的函数和结构体，而是由一组包提供的具有良好层次结构的类和接口组成的，就像Windows平台的Microsoft Visual C++的MFC或Borland C++的OWL一样。对于Java的发展，JDK是十分活跃的，对编程影响很大。有可能出现这样的情况，以前用了很多代码编写的程序，在新版JDK支持下，寥寥数语即了结。

（3）开发平台。我们已经感受到了开发平台的巨大发展：HotJava 1.0.3 Alpha提供的开发平台是行命令式的。尽管它非常笨拙，但是多少优秀程序员用它编写了第一批Java程序，来参加Sun公司发起的Java世界大赛。而现在，Sun公司的Java Workshop、Sytanmtec公司的Cafe、Microsoft的Visual J++等一批集成开发平台在网上可以免费下载，使得编写程序更为快捷和方便。尽管如此，我们还是感到这些开发工具与成熟的Windows平台开发工具相比，显得笨拙，比如，自动生成代码少，制作用户界面不方便等，这些在以后将会得到改进和完善。

由于Java推出时间短，除Sun公司的HotJava和后来的Java Workshop外，我们所看到的Java程序都是嵌入Web页面中的小应用程序（Applet）。这些小应用程序为Web页面注入了新的活力，用户可以与页面进行交互，可以播放动画，可以观看复杂过程的演示。当然Java的真正的魅力在于其能够编写适合于所有芯片、所有操作系统的能够独立运行的应用程序（Application），正如Sun身体力行的杰作HotJava和Java Workshop。

1.2　Java语言开发环境与开发工具

1.2.1　Java语言开发环境

安装程序语言开发环境是所有初学者面临的第一个门槛。其实大家也不用纠结于这个过程，就像看视频需要先安装一个播放器，写文档需要先安装Word一样。要想开发Java程序，就需要知道什么是JVM、JRE以及JDK。JVM是Java虚拟机，它是运行Java程序的核心。JRE（Java Runtime Environment）是Java运行时环境，它是支持Java程序运行的环境。而JDK是Java语言开发者工具包，它是Java程序开发的核心。JVM可以理解为一个抽象的计算机，是Java程序跨平台特性的核心要素；JRE是运行Java应用程序所必需的环境集合，其中包含了JVM标准实现以及Java核心类库支持文件，如果仅仅需要运行Java程序，那么计算机中只需要安装JRE即可；JDK包括JVM，一些Java工具（Javac、Java、Javadoc、JAR等）和Java基础类库（即Java API）。因此，Java开发者必须安装JDK，在JDK的基础上才能进行Java程序的开发。

开发Java程序可根据不同的需要下载安装不同版本的JDK。Java语言可以用来在Web上开发相关的Web应用，即小程序Applet；也可以用来开发各种类型的桌面程序，即应用程序Application。要运行Java程序，需要安装J2RE（Java 2 Runtime Environment），即Java运行环境，也可简称为JRE。在安装JDK时就会自动安装JRE，如果只想运行Java程序而不需要对Java程序进行编译，则只需要安装JRE。

Sun公司将Java类库以及一些相关的开发工具以软件包的形式提供给开发人员使用，可以在Sun公司的网站（http://java.sun.com）免费下载相关文件，根据需要选择所针对的不同平台的不同版本的JDK下载。下载后安装运行，就可以进行Java程序开发了。

　　与JDK相关的文档及Java的指南可帮助开发人员快速掌握Java程序的开发。文档和指南都可以在Sun公司网站上下载，解压后的文件夹直接放在JDK的安装目录下即可。

　　JDK安装成功后的文件夹列表如下所示。

　　·bin文件夹：存放Java的可执行程序。

　　·demo文件夹：Sun公司提供的一些例子程序。

　　·lib文件夹：开发程序所需要的类库。

　　·jre文件夹：Java的运行环境。

　　·docs文件夹：Java的帮助文档，包括程序开发时关于API的帮助，以及一些开发工具的说明。

　　·tutorial文件夹：提供了快速开发一些 Java程序的信息和步骤。该文件和docs文件都不包含在JDK的开发包中，需要单独下载。

　　Java的源程序与C、C++的源程序一样，都是属于文本文件，可以用任何一种文本编辑工具作为Java的程序编辑器。文本编辑器可以使用记事本，也可以使用JBuilder、JCreator、UltraEdit、Eclipse这些编辑器。其中，UltraEdit工具不仅可以对文本文件进行编辑，也可以对二进制文件进行编辑。使用UltraEdit进行Java程序编辑时，还能够对Java语言里面的关键字进行着色显示。而Eclipse可以通过插件实现许多功能。当主机上下载安装了某个版本的JDK，并至少具备了一种文本编辑器后，就可以进行一些简单的Java程序的开发了。

　　对于企业级软件开发人员来说，Java应用的运行环境相对比较复杂。应用服务器（App Server）是运行Java企业组件的平台，它构成了应用软件的主要运行环境。目前比较常用的App Server有Apache、Tomcat、WebLogic Server、WebSphere以及JBoss，在网上都可以下载到免费版或免费试用版，可以选择一种来学习构建企业级软件应用平台。

　　企业级应用可以扩展到多层，最简单的情况为：Browser层用来浏览显示用户页面；在Client层，Java客户端图形程序能直接和Web层或者EJB层进行交互；Web层可以运行Servlet/JSP；EJB层可以运行EJB，完成业务逻辑运算；DB层是后端数据库，用来向Java程序提供数据访问服务。对于Java的嵌入式应用开发，除了需要下载J2ME开发包外，还需要从特定的嵌入式产品厂商下载模拟器。

1.2.2　Java的开发工具

1.2.2.1　JDK

JDK即Java开发工具包。我们可以从甲骨文公司的官方网站（http://www.oracle.com）上下载到它的最新版本。官网上下载的JDK是一个简单的命令行工具集，包括编译Java源代码的编译器、执行Java字节码的解释器、测试Java Applet的浏览器，以及其他一些实用工具，还包括了Java运行时环境JRE。JRE由JVM和Java运行时类库（Java Runtime Classes）构成。

要开发Java程序首先必须要配置好环境变量，而Java的运行环境的配置比较麻烦，相信有些读者也会有这种体会。下面来看一下JDK的安装过程。在这里JDK选用的是JDK-7u60版本（安装文件jdk-7u60-windows-i586.exe）。

JDK的安装采用默认的安装设置即可。

安装完成后，可以在C:\Program Files（x86）Uava\jdk1.7.0_60\bin目录下，找到编译器（javac.exe）和解释器（java.exe），而这两个命令并不是Windows自带的命令，所以使用它们的时候需要配置好环境变量，这样就可以在任何目录下使用这两个命令了。配置环境变量的过程如下。

（1）右键点击"我的电脑"→选择"属性"→选择"高级"→"环境变量"→"Path"。出现环境变量设置界面，在系统变量Path后面追加C:\Program Files（x86）\Java\jdk1.7.0_60\bin，注意：追加的路径和原有的路径用西文分号分隔。

（2）在环境变量设置界面中新建一个系统变量classpath，设置classpath变量的值为C:\Program Files（x86）\Java\jdk1.7.0_60\1ib；C:\Program Files（x86）\Java\jdk1.7.0_60\lib\dt.jar；C:\Program Files（x86）\Java\jdk1.7.0.60\lib\tools.jar。

【注意】上述路径的标点符号都是西文半角形式。

JDK的工具如下。

（1）Javac。Javac是Java的编译器，Javac工具读取用Java编程语言编写的类和接口定义，并将它们编译成字节码类文件，保存成class文件（上面的例子就会产生一个Hello.class文件）。格式为

javac [-g][-o] [deprecation] [-nowarn] [-verbose] [-classpathpath] [-sour-cepath] [-d dir] file. java...

参数可按任意次序排列。下面对参数进行解释。

-g：生成所有的调试信息，包括局部变量，默认情况下，只生成行号和源文件信息。

-o：优化代码以缩短执行时间。使用-o选项可能使编译速度下降，生成更大的类文件并使程序难以调试。

-deprecation：输出已过时的API的源位置。

-nowarn：禁用警告信息。

-verbose：让编译器和解释器显示被编译的源文件名和被加载的类名。

-classpathpath：设置用户类路径，它将覆盖CLASSPATH环境变量中的用户类路径。若既未指定CLASSPATH又未指定-classpathpath，则用户类路径由当前目录构成。

-sourcepath：指定查找输入源文件的位置。

-d dir：设置类文件的目标目录。如果某个类是一个包的组成部分，则Javac将该类文件放入反映包名的子目录中，必要时创建目录；若未指定-d dir，则Javac将类文件放到与源文件相同的目录中。

（2）Java。Java是Java运行环境中的解释器，负责解释并执行Java字节码（.class文件）。其命令格式为

java [options]classname<args>java_ g [options] classname<args>

下面对参数进行解释。

其中，options项如下。

-cs：当一个编译过的类被调入时，这个选项将比较字节码的更改时间与源文件的更改时间。如果源文件的时间靠后，则重新编译此类并调入此新类。

-classpathpath：定义Java搜索类的路径，与Javac中的CLASSPATH类似。

-mxS：设置最大内存分配堆，大小为S，S必须大于1 024字节，默认为16 MB。

-msS：设置垃圾回收堆，大小为S，S必须大于1 024字节，默认为1 MB。

-noasyncge：关闭异步垃圾回收功能。此选项打开后，除非显示调用或程序内存溢出，垃圾内存将不回收；本选项不打开时，垃圾回收线程与其他线程异步同时执行。

-ssx：每个Java线程都有两个堆栈，即Java代码和C代码堆栈。该选项将线程里C代码用的堆栈设置成最大，即x。

-ossx：该选项将线程里的Java代码用的堆栈设置成最大，即x。

-v或-verbose：让Java解释器在每一个类被调入时，在标准输出上打印相应信息。

（3）Javadoc。Javadoc可以将Java源程序中的注释转换成HTML格式的文档。Javadoc解析Java源文件中的声明和文档注释，并产生相应的默认HTML页，以描述公有类、保护类、内部类、接口、构造函数、方法和域。

在实现时，Javadoc要求且依赖于Java编译器完成其工作。Javadoc调用部分Javac编译声明，忽略成员实现。它包括类层次和"使用"关系，并从中生成HTML。Javadoc还从源代码的文档注释中获得用户提供的文档。

当Javadoc建立其内部文档结构时，它将加载所有引用的类。由于这一点，Javadoc必须能查找到所有引用的类，包括引导类、扩展类和用户类。

（4）AppletViewer。AppletViewer用于调试运行Applet程序片。

（5）JAR。JAR用于将应用程序包括的所有类文件打包成.jar文件。这种文件也是一种压缩文件，适于在网络上传输部署Java应用程序。

1.2.2.2　Eclipse工具

Eclipse是一个开放源代码的、基于Java的可扩展开发平台。就其本身而言，它只是一个框架和一组服务，用于通过插件组件构建开发环境。因为其开放性、极为高效的GUI和先进的代码编辑器的优点，大多数用户很乐于将Eclipse当作Java集成开发环境（IDE）来使用。因为使用它是不收费的，用户可以非常方便地从http://www.clipse.or.e网站上下载到它的最新版本。下载到的Eclipse程序是个压缩文件，只需要解压缩就可以直接运行。在解压缩路径下，直接鼠标双击eclipse.exe文件，即可启动Eclipse程序。初学者可以先关注以下三个工作区域。

（1）包浏览器（Package Explorer）。它用来管理Eclipse可以实现的各类项目，目前读者主要接触的是Java项目（Java Project）。

（2）代码窗口。它用来编写Java代码。

（3）控制台（Console）。它用来查看程序运行过程中的输出信息。

Eclipse简单用法如下。

（1）新建Java项目（Java Project）。在包浏览器中，右击，选择new菜单下的Java Project选项，可以打开新建Java项目对话框，在Project name中输入工程名后，点击Finish按钮，可以完成Java项目的创建。

（2）新建类（Class）。在包浏览器中找到新建的Java项目，展开项目目录后，右击src目录，选择New菜单下的Class菜单项，可以打开新建类对话框；在新建类对话框中填写类名HelloWord后，点击Finish按钮，可以完成类的创建；之后，可在代码窗口中编写类的代码。

（3）运行（Run）。编完代码后，在代码窗口中右击，选择Run as菜单下的Java Application 菜单项，运行Java代码后，在控制台中出现程序的输出结果。

JDK是Java开发工具包（Java Development Kit）的缩写，它是一种用于构建在Java平台上发布的应用程序、applet和组件的开发环境。编写Java程序必须得有JDK，它提供了编译Java和运行Java程序的环境，Java语言的初学者一般都采用这种开发工具。本书采用的是JDK v6版本，可到网址http://java. sun. com/javase/downloads/index.jsp免费下载。

选择相应平台的JDK并下载后，双击安装文件，进入安装界面，安装过程只需按照安装向导一步步进行即可。为了在命令行方式下使用JDK工具时，系统能够自动找到JDK工具的位置，还需要修改环境变量Path和设置CLASSPATH，在Path的最前面增加Java的路径，这样JDK便安装好了。

在Windows环境下设置Path的步骤如下。

步骤1：选择"开始"→"设置"→"控制面板"→"系统"命令，在"系统属性"对话框中选择"高级"选项卡。

步骤2：单击"环境变量"按钮，弹出"环境变量"对话框。

步骤3：在系统变量中选择"Path"，单击"编辑"按钮，弹出"编辑系统变量"对话框，在"变量值"中添加"C:\j2sdk1.6.0\bin"（具体添加内容根据JDK安装路径的不同而不同），注意添加的内容与前面已有的内容之间要用";"分隔开。

步骤4：设置完Path之后，还要更新（或添加、新建）CLASSPATH环境变量，这是为了使系统能找到用户定义的类，而需要将用户定义的类所在的目录（通常是当前目录）放入CLASSPATH变量中，具体方法参考Path的修改过程。当然了，设置CLASSPATH是可选的，如果不存在，则新建的CLASSPATH的变量值为";Java_Home%\lib;%Java_Home%\lib\tools.jar"；如果没有设置，则在运行Java程序时必须显式指明CLASSPATH。

【注意】分号前面的点一定要保留。

步骤5：在系统变量里新建一个Java_Home，变量值设置参照Path。

步骤6：设置完上述环境变量后，可以在命令方式下通过set命令查看设置后的值，检查变量是否设置正确。

【注意】在Windows系统下修改了系统的环境变量以后，数据可以直接对系统作用，而无须重启系统。

1.2.2.3 代码编辑工具

JDK中的所有工具都是基于命令行方式的。相比那些高级的开发环境，JDK的这种方式反而显得简单明了，易于学习。它可以先通过任何文本编辑器来编写Java源文件，再在命令方式下通过javac和java命令来执行。下面介绍几种在Java开发时常用的文本编辑器。

（1）记事本。下面先编写一个简单的Java测试例子。

步骤1：在C:\下新建一个文本文件，并命名为"Hello.java"，文件的扩展名必须是".java"。

步骤2：用文本编辑器（记事本）打开该文件，输入如下内容。

```
public class Hello{public static void main（String[] args）
{
        System out. println（"Hello java world!"）;
}
```

步骤3：在命令行中输入"C:\javac Hello.java"。

步骤4：在命令行中输入"java Hello"，则该程序被执行。

根据上面的例子可以看出，开发Java程序总体上可以分为以下三个步骤。

①编写Java源文件。它是一种文本文件，扩展名为java。

②编译Java源文件。编译Java源文件就是将Java源文件编译（Compile）成Java类文件（扩展名为.class）。

③运行Java程序。Java程序可以分为Java Application（Java应用程序）和Java Applet（Java小应用程序）。其中，Java Application必须通过Java解释器（java.exe）来解释执行其字节码文件，而Java Applet必须使用支持它的浏览器（如IE）运行。

（2）UltraEdit。UltraEdit是一套功能强大的文本编辑器，可以编辑文本、十六进制数值ASCII码，完全可以取代记事本（如果计算机配置足够强大），内建英文单词检查功能，包含的C++及VB指令突显，可同时编辑多个文件，而且即使打开很大的文件其速度也不会慢。该软件附有HTML标签颜色显示、搜寻替换及无限制的还原功能，一般用它来修改EXE或DLL文件，是能够满足用户一切编辑需要的编辑器。最值得称道的是，它可以对各种源代码进行语法着色，使用户能够清晰地分辨代码中的各种成分；它也可以开发HTML、JSP、ASP等。它不仅可以区分其中的scripte（小脚本）和HTML代码，对它们进行很好的着色，而且提供了几乎全部的HTML Tag和特殊字符，方便轻松查到。当它对HTML进行着色时，可以做到对Tag、Property和Value进行不同的着色。

它的配置很简单，步骤如下。

步骤1：运行UltraEdit，选择"高级"→"工具配置"命令，打开"工具配置"对话框，在"命令行"文本框中输入"javac.exe %n%e"，在"工作目录"文本框中输入"%p"，在"菜单项名称"文本框中输入"Java编译"；在"选项"选项卡中勾选"先保存所有文件"复选框；在"输出"选项卡中勾选"输出到列表框"和"捕捉输出"复选框，然后单击"插入"按钮。

步骤2：再次单击"插入"按钮，插入"Java运行"。"Java运行"的设置与"Java编译"大致相同。在"命令行"文本框中输入"java.exe%n"，在"工作目录"文本框中输入"%p"，在"菜单项名称"文本框中输入"Java运行"；在"选项"选项卡中勾选"先保存所有文件"复选配置成功之后，在"高级"菜单项下面会生成配置好的菜单项，并带有快捷方式，默认添加的第一个菜单项的快捷方式为Ctrl+Shift+0，第二个菜单项的快捷方式为Ctrl+Shift+1，以此类推。

1.3　源程序的编译与运行

使用文本编辑器编写一个Java语言的源程序后，接下来要对源程序进行编译及运行。Sun公司提供的JDK中，编译与运行的工具需要在cmd命令行提示符下使用。

1.3.1　javac命令

（1）格式。它格式为javac[参数]源程序路径名。

（2）作用。它的作用是将一个源文件编译成类文件。

（3）常用参数。

-classpath：指定查找用户类文件和注释处理程序的位置。如果编译时需要用到的Java类文件不在CLASSPATH指定的路径中，编译时可以通过-classpath参数指定可能用到类所在的目录。

　-d：指定存放生成的类文件的位置。使用-d参数可以指定编译生成的.class文件输入哪一个目录。默认情况下，生成的.class文件将放在和.java文件相同的目录下。

（4）说明。编译器javac.exe位于JDK安装目录下的bin文件夹下，只有设置了Path变量，才能在任意目录下使用。

·参数可以缺省；

·源文件名后必须加扩展名.java；

·要编译的源文件不在当前目录下，需要写出完整的路径名；

·一个源文件中可以包含一个或多个类，编译时将通过编译器对应地编译成一个或多个类文件；

·文件名不区分大小写。

（5）实例分析。

例1：显示javac命令的用法和参数表。

命令javac

例2：编译当前目录下的Hello.java文件，生成的类文件与源文件目录相同。

命令javac Hello.java

例3：假设java运行类放在d:\javacode目录下。

命令javac classpath d:\javacode Hello.java

例4：将生成的Hello.class文件输出到e:\JavaStudy中。

命令javac-d e:\javaStudy\hello.class Hello.java

1.3.2　java命令

（1）格式。

格式1：java[参数]类名[程序参数]

格式2：java[参数]–jar：jar文件名[程序参数]

（2）作用。作用是运行一个Java应用。

（3）常用参数。

-client/server：选择使用客户端/服务器虚拟机；

-hotspot：client的同义词，表示使用client虚拟机；

-classpath：指定查找用户类文件和jar文件位置。

（4）说明。

Java解释器所加载的是一个类，而不是一个文件；

类文件中定义的类的名字和类文件名应该是一致的，且它们区分大小写；

程序参数可以缺省，如果带有参数，都将作为一个String类型的字符串处理。

（5）实例分析。

例1：显示java命令的用法和参数表。

命令java

例2：运行一个类 Hello。

命令java Hello

例3：运行包example的一个类MyClass。

命令java example.MyClass

1.3.3　jar命令

如果有许多个类文件，则复制给其他人是非常不方便的。在Java中，使用jar命令可以将多个Java应用于它们必需的一些组件并归档为一个压缩文件格式，即jar文件。jar文件是一种与平台无关的文件类型。

（1）格式。

jar [参数] [清单文件]目标jar文件待归档文件[待归档文件]

（2）作用。作用是将多个文件合并成单个jar归档文件。

（3）常用参数。

c：在标准输出上创建新归档或空归档；

x：从标准输入提取指定文件，指定文件名缺省时提取所有文件；

f：指定归档文件名或要列出或要提取的jar文件；

v：在标准输出设备上生成冗长的输出结果；

m：包含指定清单文件中的清单信息；

o：仅存储，不进行ZIP压缩；

u：通过添加文件或更改清单来更新现有的jar文件。

（4）实例分析。

例1：将两个类文件归档到classes.jar的归档文件中。

命令jar cvf classes.jar hello.class welcome.class

例2：将当前目录下所有文件归档到classes.jar的归档文件中。

命令jar cvf classes.jar *

例3：将当前文件夹下的子目录image及f:\java\study目录归档到classes.jar文件中。

命令jar cvf classes.jar image f:\java\study

例4：查看 classes.jar文件中的项名。

命令jar tf classes.jar

例5：将文件first.class添加到现有的classes.jar文件中。

命令jar uf classes.jar first.class

例6：从文件classes.jar中提取文件hello. class。

命令jar xf classes.jar hello.class

1.3.4　javadoc命令

（1）格式。

javadoc [选项] [包名字] [源文件] [@files]

（2）作用。作用是为一个Java源文件产生相应的帮助文件。

（3）常用参数。

-overview <file>：读取HTML格式的概述文档；

-public：仅显示public类和成员；

-protected：显示protected/public类和成员（默认）。

（4）实例分析。

例1：将文件first. class添加到现有的classes.jar文件中。

命令jar uf classes.jar first.class

例2：从文件classes.jar中提取文件hello.class。

命令jar xf classes.jar hello.class

1.4　Java与Internet

从1990年开始，由Sun公司的James Gosling 领导的小组致力于开发一种适用于消费类电子设备软件人员的新的程序设计语言，但一直没有找到合适的市场。1994年，Sun公司的副总裁Bill Joy介入Green小组工作，他审时度势，把Java定位到Internet的WWW应用开发上，给Java注入了强大的生命力，大大促进了Sun公司对Java语言的研制。1995年，Sun公司正式推出了Java和HotJava浏览器，从此揭开了Java迅速流行的序幕。

在Java出现之前，WWW主要用作信息的发布，即从服务器到作为客户机程序的浏览器之间文件（主要是HTML文件）的单向传送，用户输入URL地址，用浏览器阅读取到本地的Web页面。Internet上实现交互的唯一技术途径是使用CGI——Common Gateway Interface即公共网关接口，它定义了一种机制以及相关的一些变量。通过HTTP协议以及CGI规范，用户就可以将客户端的请求数据（如用户的查询要求）发送给服务器；在服务器端通过相应的CGI程序对用户请求进行处理（如数据库查询等），再将处理结果以HTML页面的方式发送给客户端用户。

有了CGI后WWW不仅被用来发布信息，由于CGI提供了客户端到服务器端的交互机制，因此还极大地增强了WWW的功能，使用户可以利用WWW进行网上贸易、电子商务等，同时可以通过CGI方式实现HTTP协议所不能实现的Internet服务，如通过CGI方式实现电子邮件的信箱管理，信件的书写、收、发等（如Hot Mail），或通过CGI方式访问Gopher、访问Archie、访问网络新闻组，等等。

但CGI的程序功能完全是在服务器上实现的，也就是说，无论多么大的事情，哪怕是对用户两次输入的口令（Password和Retype Password，一般来说，为保险起见，在新建口令时要求用户输入两次口令以防止输入错误而自己毫无所知）进行核实这样"芝麻"大的小事也必须将用户的所有输入发往服务器，在服务器上用CGI程序进行处理，再将结果发送回来。毫无疑问，这种方式是低效的，再加上网络本身的传输速度较低以及带宽等的限制，CGI很难对用户的请求做出及时反应。所以虽然有人用CGI做了一些Web游戏，但是这种游戏对计算量、界面的精美程度以及实时响应要求不高，很难想象用户能够忍受一个基于CGI方式的俄罗斯方块游戏或一个基于CGI的小型计算器程序。

这些问题的根本原因在于CGI必须在服务器上实现程序功能，要解决这个问题就要求在客户端进行一些程序处理工作，即将客户机/服务器计算模型中的客户机的工作量加大。

WWW传送的信息主要是HTML文件，HTML在本质上是一个文本文件，HTML文件通过使用各种标签（Tag）对Web页面进行内容上的描述。当客户端浏览器程序向服务器发出URL请求时，服务器响应这个请求，将相应的HTML文件发送给客户机，客户机程序根据本地平台的特性（如系统是图形方式还是字符方式，显示器可以显示的颜色数等）对收到的HTML文件进行相应的解释（显示页面、处理超链等），但是HTML并没有程序功能，它只是对页面的内容进行描述，并不要求浏览器具体做什么以及怎样去做。

WWW的发展要求出现一种语言，使用它可以编写在客户端执行的程序。这种程序放在服务器上，当客户机提出请求时就发送给客户机。通过网络传送程序对于Internet或WWW来说并没有技术上的难度，事实上，我们经常可以通过FTP或HTTP方式从服务器可靠地下载一些程序到本地执行。问题在于用这种方式下载程序必须事先知道某个程序是针对哪个平台的，同样的Netscape Navigator 3.0版有for Windows 32位版本、for UNIx、for Macintosh等不同版本，因为Internet上存在各种各样的软硬件平台，传统的程序都是针对某一个平台编写或编译的，不可能运行于所有平台上。C语言虽然也有一定程度的可移植性，但这种移植性是源代码级别的，即同一段源码可以在不同的平台上编译成为适应该平台的可执行程序（*.exe），但是一个平台上的EXE文件不能在另外一个平台上运行。

对于Internet来说，我们不能期望用户从服务器上下载一段源码然后编译成为可执行程序去运行，这显然缺乏实时性。

Java的出现正好解决了WWW期待已久的问题，Java独特的运行机制：Java源代码——Java字节码解释执行的过程非常适合于开发Internet上的应用程序。Java源代码经过编译后生成独立于平台的字节码被存放在服务器上，当客户机提出请求时，从服务器上下载相应的字节码到本地，由本地的Java解释器解释并执行Java字节码程序。由于Java在设计时将跨平台性作为设计的原则之一，因此同一段Java程序可以在不同的平台上被正确地执行。Java的出现使得WWW有了革命性的变化，因为Java是一个功能完整的高级程序设计语言，通过编写程序，可以在网上实现各种强大、实用的功能。

1.4.1　动态画面的设计包括图形、图像的调用

在Java出现以前，WWW页面比较简单，除了基本的标题和文本以外，只能加上一些图形来丰富页面的效果（绝大部分是静态图片），要实现动画，主要使用动态GIF文件，实质上是通过间隔一定时间显示多帧图片达到动画效果。这种方式难以实现复杂的动画效果，并且每帧内容都要保存，信息冗余较大。

使用Java语言编制动画效果，以程序的方式实现复杂的动画不仅可以实现复杂的动态效果（如很多小球落地后自由弹起Bounce Balls），还可以有效地利用基本素材信息，不必保存过多的冗余图形；此外，还可以利用Java在页面显示时播放背景音乐，显示用户在页面上的停留时间等。总之，使用Java，将极大地增强页面的表现力。

1.4.2　交互操作的设计选择交互、定向交互、控制流程等

Java的出现并不会取代CGI，相反在以客户机/服务器计算模型为基础的

Internet应用开发中，Java的出现将提高CGI的效率（很多小的处理可以由Java在客户端完成），改善与用户的交互界面和方式（可以使用Java应用向用户提问或对一些选择做出引导性解释等），因为Java在Internet应用中实质上是增强了客户机的功能，使得服务器与客户机的交互更为有效。

1.4.3 客户端的实时处理程序

Java出现以前，想要在浏览器上实现一个俄罗斯方块游戏简直是无法想象的，用CGI方式只能实现诸如"魔方""废弃导弹基地旅行"这类对实时性要求不高的小游戏。因为Java程序是在客户端运行，所以用它编写的程序可以对用户的输入做出及时相应，如使用Java Applet实现的小计算器。

1.4.4 Internet系统管理功能模块的设计

该设计包括Web页面的动态设计、管理和交互操作设计等。

Java出现以前，同一个页面所有的访问者看到的是同一个效果，因为页面（主要是描述它的HTML文件）不会根据不同的浏览者进行动态的生成。

使用Java（现在有更加简单的页面动态描述语言：JavaScript语言）可以根据浏览者的特点动态生成页面，如根据客户端所使用的浏览器版本选择不同的背景色和文本字体以达到最佳的显示效果，根据用户以前的语言选择，以适当的语种显示页面（如显示GB码还是显示BIG5码等）。

Java可以实现Intranet（企业内部网）上的软件开发（直接面向企业内部用户的软件）。Java是一种非常适合于网络编程的语言，因此对于Intranet的应用开发，Java有巨大的应用前景。

Java可以与各类数据库连接，查询SQL语句。通过JDBC实现对分布式远程数据库的有效访问，使得Internet/Intranet除发布信息以外还具有了数据库处理能力，从而对于企业网络计算解决方案有重要的影响。

1.5　Java程序的分类

Java能开发可独立解释并执行的本地应用程序（Application），包含在Web网页的HTML文件中依靠浏览器解释并执行的小程序（Applet）和后端Web服务器程序（Servlet）。虽然三者的结构不同，但是基本语法都一样，所以能彼此沟通。

在Java的开发工具包JDK（Java Developer's Kit）环境中能方便地编译、运行和调试前两种程序，第三种程序需要配合支持Servlet的开发工具一起使用。

1.5.1　Java应用程序Application

Java应用程序Application是在命令行环境下执行的Java程序，它可以独立运行在Java虚拟机上。所谓独立，是相对于Applet对浏览器的依赖而言的，实际上它的执行离不开JDK中的编译器Javac和解释器Java。Application先由Java编译器编译成为独立于平台的字节码（Byte Code），然后由Java解释器Java来运行。例如，一个源程序叫appl.java，用Javac编译器编译后将会生成app.class，而在命令行状态下输入java appl就可以运行此程序。

1.5.2　Java小程序Applet

Java小程序Applet是一种嵌入在网页文件中的Java字节码程序。由于在网络上传输，Applet程序往往很短小，其源文件后缀仍为java，编译后的后缀也是class。由于Applet没有自己的程序入口，不能直接在Java虚拟机上运行，故执行过程与Application稍有不同。其具体过程是：首先由Java编译器将Java 程序编译为字节码文件，并把这个字节码文件嵌入Web页面中；客户端将字节码文件下载后，由支持Java的Web浏览器来解释、执行。Applet是提高网页生动性和交互性的有用的手段，因为Java提供了大量控制页面外观和处理交互事件的便利方式。

1.5.3　Java服务器端程序Servlet

Java服务器端程序Servlet在服务器端执行，提供各种处理功能。Servlet是一种采用Java技术来实现CGI功能的一种技术。虽然Servlet和CGI都是在Web服务器上运行的，并生成Web页面，但与传统的CGI或其他CGI类似替代技术相比，Java Servlet具有效率更高，使用更方便，功能更强大，更小巧也更便宜等特点，如数据查询及交互操作响应等。

1.6　Java编程规范

Java编程规范或者说编程风格，是指Java语言经历了20多年的发展之后，程序员们对于如何写出规范的程序已经有了一些共同的认识。虽然良好的编程规范并不会影响程序的正确性和效率，但是对于可读性、可维护性等具有很大的影响。

下列两个程序段都定义了一个函数，用来求一维数组的最大值。

以下为Java 编程风格示例。

```java
public static int fun(int[] a)
{
    int m=a[0];
    for(int i-1;i<a.length;i++) if(m<a[i])m=a[i];
    return m;
}
public static int getMaxFromArray(in[]a){ //对一个整数数组求最大值
    int i;
```

```
        int n=a.length;
        int max=a[0];
        for(i=1;i<m;i++){        //遍历int数组
        if(max< a) {        //如果a[i]比max大，就把a[i]赋值给max
            max=[];
            }
        }
        return max;        //返回max
}
```

上述两个程序运行后的结果一样，但是哪个可读性强呢?从上述两个程序的差别，我们可以看出Java编程规范的优点。

（1）好的编码规范可以改善软件的可读性，让开发人员更快、更好地理解新的代码。

（2）好的编码规范可以减少软件代码的维护成本。

（3）好的编码规范可以有效提高团队开发的合作效率。

（4）规范性编码可以让开发人员养成良好的编码习惯，思维更加严谨。

为了执行规范，每个开发人员都应一致遵守语法和编码规范。

Java编程的语法规范分别介绍如下。

（1）Java源文件：每个Java源文件仅仅包含一个公共类或接口。若私有类和一个公共类相关联，则可以将它们和公共类放入同一个源文件中。公共类必须是这个文件中的第一个类或接口。

（2）缩进：应该以4个空格作为一个缩进单位。

（3）行长：一行不应多于80个字符，因为很多终端和工具不能很好地对其进行处理。

（4）折行：当一个表达式不能写在一行时，应依据下面的原则断开它。在逗号后断开；在操作符前断开；宁可选择较高级别（higher-level）的断开，而非较低级别（lower-level）的断开；新的一行应该与上一行同一级别表达式的开头处对齐。

如果以上规则导致代码混乱或者使代码都堆挤在右边，则代之以缩进8个空格。另外，Java书写时还需要注意以下几点。

（1）类名：首字母大写。

（2）方法名和变量名：首字母小写。

（3）包名：采用小写形式。

（4）常量：采用大写形式。如果常量名由几个单词构成，则单词之间以下画线"_"隔开，利用下画线可以清晰地分开每个大写的单词。

（5）//：用于单行语句注释；/* */：用于多行语句注释；/** */：用于多行语句注释。

（6）关键字：所有的关键字都是小写；程序中的标识符不能以关键字命名。

2　Java语言基本元素

Java语言包含数据类型、标识符、关键字、运算符和分隔符等元素。这些元素有着不同的语法含义和组成规则，它们互相配合，共同组成Java的语句。

2.1　数 据 类 型

"基本数据类型"是指最常用的整数型、浮点数型、字符型等，其数据占用内存的大小固定，在内存中存入的是数据本身；而"引用数据类型"在内存中存入的是引用数据的存放地址，而不是数据本身。

2.1.1　整数类型

整数类型的数据用来表示没有小数部分的整型数据。Java语言定义了四种整数类型：int、short、long和byte。其中，int类型是最常用的数据类型，诸如程序中的控制变量等一般都使用int类型。当然，int表示的范围有限，如果要表示很大的数，可以使用long类型。byte和short类型主要用来处理文件的读写或者用来构成整数数组，这样对于很大的数组来说，总的存储量不至于太大。

对于Java虚拟机来说，无论是基于哪种平台，一个int型的整数总是4个字节。当然，为了获得这样的平台独立性，要付出的代价是程序的运行性能，因为Java无法很好地利用特定机器的特点来提高程序的运行效率。在程序书写时，长整数要加上一个L后缀以示区分，如长整数1985525464L，如果整数采用十六进制表示，要加上一个前缀0x，如十六进制数0xaf86。

```java
//计算光所穿行的距离
import java.awt.Graphics;
class Light extends java.applet.Applet
{
    public void paint(Graphics g)
    {
        int lightSpeed;
        long days;
        long seconds;
        long distance;
        //计算光速（km/s）
        lightSpeed=300000;
        days=500;
        seconds=days*24*60*60;
        distance=lightSpeed*seconds;
        g.drawString("在"+days+"天内，光将穿行"+distance+"km。",50,25);
    }
}
```

该程序运行结果如下：
在500天内，光将穿行129 060 000 000 000km。

2.1.2　浮点数类型

浮点数也叫作实数，用于计算需要小数部分的情形。Java实现了IEEE 754浮点数类型和运算标准。Java包括2种类型的浮点数：float和double，其分别代表单精度和双精度。

float类型的数在书写时要加上后缀F，如"3.14F;"。

double为双精度浮点数，它的表达范围要远大于float 类型，在要使用浮点数的场合通常都使用double类型。

float类型的表示方法（如尾数和指数的具体位数等）遵从IEEE 754 32bit标准，double类型遵从IEEE 754 64bit标准。

例如，float类型的数可以如下赋值。

float fa=5678.99F;//所赋值为小数，必须加上字母"F"

float fb=9876543210F;//所赋值为整数并且超出了int型的取值范围，必须加上字母"F"

float fc=123F;//所赋值为整数并且未超出int型的取值范围，可以加上字母"F"

float fd=123;//所赋值为整数并且未超出 int型的取值范围，也可以省略字母"F"

但下面的赋值就是错误的。

float fa=5678.99;//所赋值为小数，不加上字母"F"是错误的

float fb=9876543210;//所赋值为整数并且超出了int型的取值范围，不加字母"F"是错误的

例如，double类型的数可以如下赋值。

double da=1234. 67D;//所赋值为小数，可以加上字母"D"

double db=1234.67;//所赋值为小数，也可以省略字母"D"

double dc=1234D;//所赋值为整数并且未超出int型的取值范围，可以加上字母"D"

double dd=1234;//所赋值为整数并且未超出int型的取值范围，也可以省略字母"D"

double de =9876543210D;//所赋值为整数且超出int型的取值范围，必须加上字母"D"

但下面的赋值就是错误的。

double df=9876543210;//所赋值为整数且超出int型的取值范围，不加字母"D"是错误的。

//计算圆的面积

import java.awt.Graphics;

class Area extends java.applet.Applet

{

```java
public void paint(Graphics g)
{
        double pi,r,a;
        //圆的半径。
        r=9.6;
        pi=3.1416;
        a=pi*r*r;
        g.drawString("圆的面积是"+ a+"。",50,25);
}
}
```

运行结果如下：

圆的面积是289.530。

2.1.3　字符类型

在C和C++语言中，char类型的变量实质上是一个单字节的整数，表示范围为−128~127（signed char）或0~255（signed char），它之所以能表示字符，是因为一些特定的方法和函数将它的值视为一个字符的ASCII码值来处理。这样的处理方式存在两个问题，一个问题是能力有限的问题，因为char类型只有一个字节，所以它最多只能表示256个字符，对于像中文、日文这样的大字符集来说，char是无法表示的；另一个问题是C语言的弱类型定义问题，char只是一个单字节整数，可以对char类型的变量进行加减等各种整数允许的操作，这很有可能造成程序的混乱。

在Java语言中，使用单引号+单个字母的形式来表示字符字面值，由于使用两个字节来表示字符，所以Java可以表示Unicode字符集中的字符，如汉字字符"汉"。Unicode的十六进制编码范围为0000~FFFF，总共可以表示65 536个字符，这对于绝大多数语种的字符集来说是足够用的了。为了与ASCII码保持兼容，Unicode在设计时将ASCII码作为Unicode的子集来处理，即从编码0000到00FF与原来的ASCII码完全一致。在书写一个Unicode的字符时，可以使用单引号直接来表示字符常量，如'a' '0' '中'，也可以用转义符\u加上Unicode的十六进制编码来表示对应的字符，如汉字"仟"的Unicode编码为4edf，在程序中下述语句：

System.out.printn("the number is"+'\u4edf'+'fA');

将在屏幕上显示汉字"仟"。

除转义符\u以外，以下一些转义符可以表示特殊的字符，见表2-1所列。

表2-1　Unicode 转义符

转义符	含义	对应的Unicode编码
\b	退格字符Backspace	\u0008
\t	制表符Tab	\t0009
\n	换行Linefeed	\u000a
\r	回车Carriage return	\u000d
\"	双引号Double quote	\u0022
\'	单引号Single quote	\u0027
\\	反斜杠Backslash	\u005c

在为char型常量或变量赋值时，如果所赋的值为一个英文字母，或一个符号，或一个汉字，则必须将所赋的值放在英文状态下的一对单引号中。

char ca='A';//将"A"赋值给ca变量

char cb='#';//将"#"赋值给cb变量

char cc='中';//将"中"赋值给cc变量

值得注意的是，因为Java把字符作为整数对待，并且可以存储65 536个字符，所以也可以将从0~65 535的整数值赋值给char常量或变量，但是在输出时得到的并不是当初所赋的值。

char cd=88;//将"88"赋值给变量cd

system.out.println(cd);//输出"cd"，得到的结果是"X"

下面是演示小程序的例子。

//演示char数据类型

import java.awt.Graphics;

class CharDemo extends java.applet.Applet

{

　　public void paint(Graphics g)

```
        {
            char ch1,ch2;
            ch1=88;
            ch2='Y';
            g.drawString("ch1="+ch1,25,50);
            g.drawString("ch2="+ch2,25,75);
        }
    }
```

程序运行结果如下：

ch1=X

ch2=Y

【注意】将ch1赋值为88，它是Unicode（也是ASCII）值，对应字母X。正如前面提到的，ASCII字符集是Unicode的前128个值。因此，所有关于ASCII的使用技巧，在Unicode中都用得上。

尽管char类型不是整数，但是在很多情况下它们可以按整数方式进行操作，比如，将两个字符进行相加，或增加一个字符变量的整数值。

```
//把char变量当作整数
import java. awt. Graphics;
class CharDemo2 extends java.applet.Applet
{
    public void paint(Graphics g)
    {
        char strl;
        str1='A';
        g.drawString("str1含有"+str1+"。",25,50);
        str1++;
        g.drawString("strl改为"+str1+"。",25,75);
    }
}
```

程序运行结果如下：

str1含有A。

str1改为B。

在程序中，首先str1被赋值A，其次str1被递增，这使得str1含有B，即下一个ASCII（或Unicode）字符。

一个字符类型数据用来存放Unicode编码集中的一个字符。实际上，一个字符类型数据只是表示某字符的数字值。Java的字符型变量可用char类型说明。

在Java程序中，一个字符型变量或常量的数据值在操作时将按整型量处理。在计算机内部，一个字符型数据所对应的整数值就是该字符在Unicode编码集中所对应的序号值或序号，其取值范围为0~65 536。由于本书中的Java程序均选用Unicode编码集中的一个子集，即单字节的ASCII标准字符集，因此，其中所选取字符的对应序号值的取值范围为0~127。它也就是Unicode编码集中序号值为0~127的那部分字符。

Java程序还使用字符型常量或称字符常量。一个字符常量代表Unicode编码集中的一个字符。将字符用单引号对括起来，即成一字符常量。在本书的Java程序中，所使用的字符型常量都是ASCII标准字符集中的字符。它们的序号值与Unicode编码集中所对应字符的序号值一致。

以下为字符常量示例。

'A'表示英文大写字母字符A的字符常量，其对应的序号值为65。

'a'表示英文小写字母字符a的字符常量，其对应的序号值为97，'a'与'A'不同。

' '表示空格符的字符常量，其对应的序号值为32。

字符常量的单引号对内必须包含字符，若写' '，则它不是一个字符常量；若写'Java'，则包含的字符个数太多，它也不是一个合法的字符常量。另外，字符常量必须用单引号对括起来，若用双引号对括起来，如"a"，则成为Java中另一种形式的常量——字符串常量。故"a"是字符串常量，而'a'才是字符常量。"a"与'a'不同。

Java程序还允许书写并使用一批特殊形式的字符常量，它们也都以单引号对括起来的形式表示，但在单引号对内却包含了不止一个字符。这种特殊形式的字符常量称为转义符，单引号对括起来的字符序列称为转义序列。转义符所表示的是一些非打印字符或不能通过键盘输入的特殊字符，其中有些属于控制字符的范畴。比如'\n'，它被视作一个字符常量。反斜杠字符是每一个转义序列必须包含的字符，它表示后面的字符或字符序列将具有另外的含义。转义符'\n'等同于ASCII序号值为10（十进制）的那一个控制符，表示换行。在输出语句中每次遇到转义符'^n'或在字符串中遇到转义序列\n时，都将导致光标位置定位到下一行的起始处。

以下为转义符示例。

'\7'表示序号值为八进制7即十进制7的控制字符，其含义是响铃。

'\61'表示序号值为八进制61即十进制49的字符，亦即字符'1'。

'\123'表示序号值为八进制123即十进制83的字符，亦即字符's'。

'\u0042'表示序号值为十六进制0042即十进制66的字符，亦即字符'B'。

'\u0062'表示序号值为十六进制0062即十进制98的字符，亦即字符'b'。

例如，一些转义符所对应的Unicode序号值。

'\b'   '\u0008'

'\f'   '\u000c'

'\n'   '\u000a'

'\r'   '\u000a'

'\t'   '\u0009'

'\\'   '\u005c'

'\" '   '\u0022'

'\'   '\u0027'

2.1.4   布尔类型

C语言没有布尔型变量，只要条件表达式中的变量或表达式的值不为零，条件判断语句就按照true来处理；如果值为零，就当作false来处理。C++语言定义了一种bool类型。bool类型的变量可以取值为true和false，但是在C++语言中，bool类型的变量可以与整数类型进行相互转换，并且在条件表达式中，仍然可以使用数值来实现条件检测。Java语言是一种强类型语言，它定义了逻辑变量类型boolean。被说明为boolean的变量可以取值为true和false，但是不同于C++语言，Java中的布尔变量不能和整型变量相互转换。逻辑型常量或变量的逻辑值只有true和false，分别用来代表真和假、是和否等对立状态。逻辑型常用"boolean"来声明。

boolean flag;

flag=true;

一个布尔类型数据用来存放逻辑值，或称布尔值。Java提供关键字boolean

以表示布尔类型或称布尔型。boolean 取意于19世纪英国数学家George Boole（1815~1864）。George Boole为现代布尔代数之父。一个布尔型数据总共只有false和true两个可能的取值，它们分别表示逻辑假和逻辑真。它们也是仅有的两个布尔型常量。false 和true均为Java所保留的两个关键字。

需要注意的是，在Java中，一个布尔型数据不能做数据类型转换。比如，不能把true转换成数1，也不能把false转换成数0。true和false这两个值，实际上就代表了两种不同的状态，相当于"真"或"假"，"开"或"关"，"是"或"否"，等等。

布尔型数据经常用于逻辑条件测试或循环控制的语句中。因为它的值非"真"即"假"，适合于判断取向。

例如，编写Java程序，验证使用实型常量、字符常量以及布尔常量。

```java
//program ConstFCB.java
class ConstFCB
{
    public static void main(String args[ ])
    {
        System.out.println(0.615+",  "+ .615+",  "+6. +",  "+6.15e-5+",  "+-6.15E-5);
        System.out.println('A'+",  "+'B'+",  "+'a'+",  "+ 'b');
        System.out.println('7'+",  "+'\7'+",  "+'\61'+",  "+'\123');
        System.out.println('\u0041'+",  "+'\u0042'+",  "+'^\u0061'+",  "+'\u0062');
        System.out.println(false+",  "+true);
    }
}
```

编译运行Java程序ConstFCB。

C：\yao> javac ConstFCB.java←

C：\yao> java ConstFCB←

0.615, 0.615, 6.0, 6.15E-5, -6.15E-5

A，B，a，b

7，，1，s

A，B，a，b

false，true

C：\yao>

可以看到，实型常量.615和6.均是合法的表示形式，在输出时，分别成为0.615和6.0。实型常量6.15e-5和-6.15E-5在输出时，分别成为6.15E-5和-6.15E-5，也取大写字母E。字符常量'7'的输出结果是7，而字符常量'\7'的输出结果是计算机"哪"的一声，显示屏上无输出字符。因为它是一个控制字符（称为响铃符）。字符常量'\7'、'\61'、'\123'均是合法的表示形式，这里的7.61、123全是八进制数字，等价于十进制的7.49、83，后两个字符分别表示字符'1'、's'。字符常量'\u0041'、'\u0042'、'\u0061'、'\u0062'分别表示序号值为十六进制数字0041、0042、0061、0062的Unicode字符，等价于序号值为十进制数字65、66、97、98的Unicode字符，即为'A'、'B'、'a'、'b'。最后，布尔常量false和true均按原样输出。

以下程序演示布尔类型变量。

```java
//演示布尔值
import java. awt. Graphics;
class BoolTest extends java.applet.Applet
{
        public void paint(Graphics g)
        {
                boolean b;
                g.drawstring("b是"+ b + "。",25,50);

                b=true;
                g.drawstring("b是"+b+"。",25,75);

                //一个布尔值可以控制if语句
                if(b)g.drawString("本条语句被执行。",25,100);

                //关系算子的输出是一个布尔值
                g. drawstring("10>9是"+(10>9)+"。",25,125);
        }
}
```

程序运行结果如下：

b是false。

b是true。

本条语句被执行。

10>9是true。

在该程序中，有3点需要引起注意。

（1）当一个boolean值通过println输出时，显示true或false。

（2）boolean变量值本身可以控制if语句。下面语句显得没有必要。

　　if(b==true)...

（3）关系算子的输出，比如"<"，是一个布尔值。另外，关系运算符"10>9"需要加括号，是因为"+"运算符的优先级比">"高。

2.1.5　常标识符

Java程序中往往有一些经常使用的常数值，它们具有一定的含义，例如，7、12可分别表示一周天数、一年月份数，2.718 28、3.141 592 65可分别表示e、π的近似值等。有时，为使程序简化并易于维护，Java提供了可为常量命名的特性，所命名的常量称为常量标识符，或称符号常量。

常量标识符与变量标识符一样，也必须先声明后使用。声明常量标识符的语句形式与变量声明语句相似，但需在数据类型之前加上关键字final作为限定符，而且必须为该常量标识符赋予某个确定的值。在整个程序运行期间，不允许改变常量标识符这一值。为便于辨认程序中的标识符哪个是常量标识符，一般将常量标识符中所使用的英文字母字符全取作大写。

以下为声明常量标识符示例。

final int ZERO=0;

final double E=2.71828;

final double PI=3.14159265;

final char FIRSTCHAR= 'A'，LASTCHAR='z';

final boolean OK=true;

这里所声明的常量标识符PI、FIRSTCHAR、LASTCHAR、OK等不仅名字有变，更重要的是在程序运行期间它们的值将保持不变，而变量pi、firstChar、 lastChar、ok可允许赋予新值，变量初始化仅是为这些变量赋予初始值而已。

在Java类库中，声明了一批内置常量标识符，它们都是以全英文大写字母字符序列或者加上下画线字符命名的。

2.1.6　基本数据类型转换

对于表达式中运算符左右两边的操作数，Java要求其类型必须一致才进行运算。一旦出现不同类型数据的混合运算时，只要它们是相互兼容的，就需要进行必要的类型转换。数据类型转换是指将数据从一种数据类型改变为另一种类型。例如，通过Scanner类获取键盘输入的内容是一个字符串，可以通过类型转换为数值类型如int，由此就可以进行数值计算。类型的转换有隐式类型转换（简称隐式转换）与显式类型转换（简称显式转换）两种。

2.1.6.1　隐式转换

隐式类型转换是指算术运算符和关系运算符当其左右操作数的类型不相一致时，由系统自动地进行的一种类型转换。其转换的基本原则是向着两者之间占用内存单元较多的类型转换，即所谓"类型提升"原则。而运算结果则取较高数据类型。按照这一基本原则进行隐式类型转换，可以使得表达式的计算朝着更能表达数据能力的方向进行，也确保了计算精度。由于Java有严格的类型检查机制，因此，它不允许互不兼容类型的数据进行类型转换，比如，boolean类型数据不能隐式地转换式int类型数据。它的值要么为true，要么为false。这两个值不能转换成对应的数字值。

隐式类型转换遵循指定的规则：当使用双目运算符结合左右操作数进行运算时，若两个操作数的类型不一致但兼容，则需先将两个操作数的类型转换成相同类型，再进行运算。如果两个操作数中有一个是double类型，则另一个也将转换成double类型；否则，如果两个操作数中有一个是float类型，则另一个也将转换成float类型；再否则，如果两个操作数中有一个是long类型，则另一个也将转换成long类型；再否则，两个操作数都将转换成int类型。这里，体现的是根据双目运算符左右两个操作数类型的高低"一步到位"。

Java是一种强类型语言，在编译时要检查类型的相容性。所谓相容性，是指两个不同类型的数据，编译器能够自动进行类型转换，则这两种类型是相容的，这种编译器自动进行的类型转换称为隐式转换。隐式转换需要同时满足两个条件。

（a）两种类型是彼此兼容的；

（b）转换的目标类型的范围一定要大于转换的源类型，即不能出现数据内存单元的截短，而只能扩大。例如：

byte a=3;

int i=a;//编译正常，数值范围小的类型可以向数值范围大的类型转换

int b=3;

byte j=b;//编译出错，byte类型的数据范围比int类型的小

double c=1.5;

string str="a"+c;//str="a1.5"

2.1.6.2　显式转换

Java还提供了另一种类型转换的机制，称为显式类型转换或强制类型转换。显式类型转换是通过类型说明符和圆括号对来实现的。显式类型转换的一般形式为

（类型名）表达式

它的功能是，把所述表达式的结果类型转换成以类型名所表示的类型。需要注意的是，不能在布尔值和任何数字类型间进行显式类型转换。

例如，有

(int)((a+a)*b)//结果值为41，int类型

(int)(a+d)*b//结果值为40，int类型

(a+(int)d)*b//结果值为40，int类型

应注意进行显式类型转换这一运算所处于的运算符优先级与结合性，它与圆括号运算符的优先级相同，但结合性均为从右到左，而它比乘法运算符的优先级要高。

使用显式类型转换时应考虑到它可能会带来的不安全因素，因为将精度高的类型强制地转换为精度低的类型，有可能会导致精度的损失。

显式转换也称为强制转换，当两种类型不兼容或转换目标类型范围小于转

换的源类型，即不满足自动类型转换的条件时，需要在代码中明确指示将某一类型的数据转换为另一种类型。

转换格式为目标类型变量=（目标类型）源类型变量或常量

int i=3;

byte b=(byte);//编译正常

特别提醒：在强制类型转换中，目标类型和源类型变量的类型始终没有发生改变。

显式转换中可能导致数据的丢失。例如：

```
public class Convert
{
    public static void main(Str ing args[])
    {
        long a=1234567890123456789L;//必须带后缀L，否则编译出错
        int b;
        long c;
        b=(int)a;
        c=b;
        System.out.println("a="+a);
        System.out.println("b="+b);
        System.out.println("c="+c);
    }
}
```

输出结果如下：

a=1234567890123456789

b=2112454933

c=2112454933

表2-2总结了各种基本数据类型之间进行转换（包括隐式转换和显式转换）的情况。

表2-2　基本数据类型的转换

类型	位数	byte	short	int	long	float	double	char
byte	8	—	W	W	W	W	W	W
short	16	N	—	W	W	W	W	W
int	32	N	N	—	W	W	W	W
long	64	N	N	N	—	W	W	W
float	32	N	N	N	N	—	W	W
double	64	N	N	N	N	N	—	W

说明：—表示基准点，其以左是窄化，其以右为宽化；N表示窄化，即值域大的类型向值域小的转化；W表示宽化，即值域小的类型向值域大的转化。

此外，我们还可以利用基本数据类型对应的包装类中的方法实现类型转换。例如：

（1）将int类型转换为String类型。

　　　int i=12345;

　　　String s=" ";

　　　s=Integer.toString(i);

　　　s=String.valueOf(i);

（2）将String类型转换为int类型。

　　　String s="12345";

　　　int i;

　　　i=Integer.parseInt(s);

　　　i=Integer.valueOf(s).intValue();

　　　//功能类似但是会多创建一个Integer对象并将值赋予变量i

　　　String类型与double、float、long等类型之间的相互转换方法大同小异，在此不再赘述。

2.2　标识符与关键字

2.2.1　标识符

Java语言规定标识符只能是由数字、字母、下画线、美元符号组成字符数字串，而且必须以字母、下画线或者美元符号开头，不能以数字开头。例如，i123、lisa_1、$my、count等都是合法的标识符。要注意，Java语言中对字母的大小写是有区分的，所以Girl和girl是两个不同的标识符。在代码中Java通常约定变量名一般以小写字母开头，类名一般以大写字母开头，如int i；class Text{}。

Java语言使用国际字符格式标准（Unicode）和浮点数（IEEE 754）。Unicode标准字符集最多可以识别65 535个字符，通常的ASCII码是8位的，而Unicode是16位的，所以Unicode除能表示常用的0~9数字，英语字母A~Z和a~z以及+、/、*等常用符号外，还可以表示其他各种语言，包括汉语、朝鲜文、拉丁文和其他许多语言中的文字。

2.2.2　关键字

关键字（keyword）是Java语言中具有特定意义的字符序列。Java规定用户不能对这些关键字赋予别的含义。关键字即Java语言本身提供的一种特殊的标识符，又称Java保留字，是被Java已经使用了的名字，在编程时不能使用这些名字。Java语言的关键字有50个，见表2-3所列。

表2-3　Java 语言的关键字

abstract	assert	boolean	break	byte
case	catch	char	class	const
continue	default	do	double	else

abstract	assert	boolean	break	byte
enum	extends	final	finally	float
for	goto	if	implements	import
instanceof	int	interface	long	native
new	package	private	protected	public
return	strictfp	short	static	super
switch	synchronized	this	throw	throws
transient	try	void	volatile	while

2.3　常量与变量

　　程序的核心是处理数据，不同的代码处理不同的数据。如何识别这些数据？在编程语言中，用为数据命名的方式来解决这一问题。数据要先存放在内存中，才能被CPU处理，根据数据在内存中的可变性，分为常量和变量两种。常量和变量都属于某一种数据类型。常量和变量在程序代码中随处可见。所谓"常量"，就是永远不会改变的量。Java中的常量是用字符串表示的，需要用关键字"final"来修饰；而"变量"就是值可以被改变的量，不需要用任何关键字进行修饰。

2.3.1　常量

　　所谓常量，是指在使用过程中，值固定不变的量，如圆周率。使用常量可以大大提高程序的易读性和可维护性。

　　常量有字面常量和符号常量两种。

（1）字面常量：其值的意义如同字面所表示的一样。每一种基本数据类型和字符串类型都有字面常量。

例如，数值常量：-12（十进制）、037（八进制）、0xff（十六进制）、156L（长整型）、1.23F（单精度浮点）、1.23E+10或1.23E+10D（双精度浮点数）。

字符常量：'A'、'\t'（转义字符）、'\u0027'（Unicode编码）。

字符串常量："123"、"中国"。

布尔常量：true、false。

null常量：只有一个值，通常用来表示引用变量值为空的对象，即不指向任何对象。

（2）符号常量：由用户自定义符号代表一个常量，例如，圆周率用PI表示。在运算过程中，当需要的圆周率的精度不同时，只需要修改符号常量PI的定义就可以了。

符号常量用关键字final来实现，其语法格式：

final数据类型 符号常量名= 常量值;

其中，数据类型可以是任何数据类型，常量值需与数据类型匹配。例如：

final double PI=3.1415926;//将圆周率声明为双精度常量PI

double area,r;//声明双精度变量area、vol、r，分别表示面积

r=15;//对变量r赋值

area=PI*r* r;//计算圆面积

声明常量的方法如下。

final常量类型　常量标识符;

final int AGE;//声明一个int类型常量

final float PIE;//声明一个float类型常量

final int AGE=20;//声明一个int类型常量，并且初始化为20

final float PIE=3.14F;//声明一个float类型常量，值为3.14

在为float类型常量赋值时，需要在数值的后面加上一个字母"E"或"f"。

在Java语言中，const是一个保留字，但是目前还没有正式的用途，要说明一个变量为常数，通常的做法是使用下面的格式：

static final double pi=3.14156;

除此之外，在很多类中还定义了一些常数类型的类变量，通常称为类常数，如常用的数学常数。圆周率 π 是系统类java.langMath中的类常数（public static final double PI），自然底数e（public static final double E），使用时可以

通过Math.PI和Math.E来引用这两个常数，分别等于3.141 592 653 589 793和
2.718 281 828 459 045。

2.3.2　变量

变量是指在运行过程中，其值可以改变的量。在Java中，变量必须先声明
后使用，所以声明即为变量命名。声明变量的格式为

[变量修饰符]数据类型变量名[=初始值];

同样，数据类型可以是任何的数据类型，初始值需与数据类型匹配。例如：

int x;

double a=1.5;

Java语言中的变量根据作用域范围的不同，有4种。

·成员变量：在类中声明，但是在方法之外，因此作用域范围是整个类。

·局部变量：在语句块内声明，作用域范围是从声明处直到该语句块的
结束。

·方法参数变量：作用域范围是在整个方法中。

·异常处理参数变量：作用域范围是在异常处理语句块中，将在以后的章节
介绍。

例如，成员变量、局部变量和方法参数变量的区别。

```java
public class Ex2_1{
    static String welcome="Welcome,";//方法外声明的变量是成员变量
    //方法定义中声明的变量是参数变量
    public static void main(String args[]){
        String name="JackChen";//方法内声明的变量是局部变量
        System.out.println(welcome+name+"!");
        //可以引用成员变量、方法参数变量和已声明过的局部变量
    }
}
```

使用变量时需注意：

·局部变量的使用要遵守先声明后使用的原则。

·一个好的编程习惯是在声明一个变量的同时对它进行初始化。

·C、C++中存在全局变量，在Java中没有全局变量。

例如：

int var;

var=10;

当执行int var这条语句时，系统就会在内存中分配一块4个字节的空间来存储变量var的值，整型变量的默认值为0，然后执行var=10，把变量var的值设置为10，也就是var所对应的内存空间被写入整数10。

变量是编程语言中使用的标识符，它的作用是表示一个程序中的数据实体，通常对应于内存中的一块区域。变量要被合法有效地使用，必须在程序中被说明为某种数据类型，同时用于一个合法的变量名。

程序是要完成一定的功能的，一般都要使用变量来保存运算过程中产生的各种数据，变量必须在使用前声明，Java语言不允许使用没有声明的变量。由于变量的基本特征包括变量名、类型、作用域等，声明变量时至少应指出变量名和数据类型。

声明变量的方法如下。

变量类型　变量标识符;

String name;//声明一个String类型变量

intx;//声明一个int类型变量

String name="tang";//声明一个String类型变量，并将其初始化为"tang"

int x,y,z;//声明多个int类型变量

使用变量时，一般要注意以下几点：①不能使用未声明的变量。②不能重复定义变量。③保留字不能作为变量名。④变量名尽量规范，做到见名知其意。

2.3.2.1　变量的声明

变量的声明格式为

变量类型　变量名;

变量的类型可以是Java语言所定义的8种基本数据类型，也可以是其他的引用类型。

变量声明在程序中出现的位置决定了变量在程序中的作用域（可见范围）。

Java语言中允许声明多个变量为一个类型。

2.3.2.2　初始化变量

Java编译器会给初始化的变量赋零值（数值类型变量）或空（字符类型变量）或false（布尔型变量）。

变量初始化的方法是使用赋值号"="，格式为

变量名=变量值;

例如：

yes='Y';

findit=true;

也可以在声明变量的同时进行变量的初始化，例如：

int i=5;

char yes='Y';

boolean findit=true;

在前面曾经提到过，Java 语言使用Unicode编码方式来表示字符，所以在初始化字符变量时，也可以使用Unicode的值为字符变量赋值，如汉字"仟"的Unicode编码为4edf：

char qian="\u4edf";

2.3.2.3　变量的命名原则

在Java语言中，变量的命名必须遵循以下规则。

（1）变量名必须是由一串Unicode组成的合法Java标识符。Java语言中的合法标识符通常由一串大小写英文字母、数字、_、$等组成，也可以包含相应语言中表示单词的Unicode字符。下面的程序就是一个合法的Java程序。

例如，使用中文变量名：

```
class TestforVarName{
    private static String英文姓名=null;
    private static String中文名字=null;
    public static void main(String args[]){
        英文姓名="Joy";
        中文名字="张益";
        Sytem.out.println("Hello，my english name is"+英文姓名);
```

```
            System.out.println("and我的中文名字为"+中文名字);
        }
    }
```

变量名不能够出现空格字符" "、运算符"+""*"等对程序有特殊含义的字符。原则上，Java语言中的变量名没有长度限制。

【注意】在Java语言中，变量名和其他标识符都是用大小写严格区分的。

（2）Java程序中的变量名不能与Java语言的保留字和布尔常量同名。Java语言提供了40多个保留字，包括一些类型定义符和基本语句。另外，程序中定义的变量名不能是布尔常量true和false。

虽然Java语言并没有要求变量名要不同于系统定义的类名（不是Java语言的保留字），如可以有变量定义：private String String="Hello，I am Java"；但是这样做很可能导致程序在执行时出现意想不到的错误。

（3）变量名不能和同一作用域的变量重名。每一个定义的变量都有对应的作用域，在它的作用域中应该只有一个取这样名字的变量，否则Java解释器无法知道该使用哪一个变量来实现当前的操作。这个规定的另一层含义是，在不同的作用域下，变量可以重名。例如，下面的程序是一个正确的Java程序，它在不同的作用域定义和使用了两个sameName变量。

例如，不同作用域下使用相同变量名的变量。

```
class TestforVarName3{
    public static void main(String args[]){
        showVar1();
        showVar2();
    }
    public static void showVar1(){
        String sameName ="Hello，Wolrd!";
        System.out.println(sameName);
    }
    public static void showVar2(){
        String sameNamc="Iam Java!";
        System.out.println(sameName);
    }
}
```

2.3.2.4　变量的作用域

变量的作用域实质上指的是可以访问该变量代码范围（Scope），在说明变量时，变量根据声明语句所在的位置建立对应的作用范围。通常，变量的作用范围是所在的语句块（block）。一个语句块是花括号对中所包含的若干Java 语句，变量只是在被定义的语句块中是可见的。

一般来说，Java语言的变量按照作用域的不同分为以下类型。

（1）类变量；

（2）方法的局部变量；

（3）方法的参数。

类在定义时，除了要定义类的方法以外，还要定义类的数据成员，即类变量。类变量通常在类定义的最前面或最后面定义。类变量对类中的所有方法都是可见的。

方法在实现其功能时要使用一些局部变量，这些局部变量通常是在方法或方法中的某语句块中定义的。一般来说，局部变量的作用范围从声明的位置开始到所在的语句块结束为止都是可见的，方法参数包括普通方法的参数、构造方法参数以及异常处理方法的参数。方法参数是在方法定义时，在参数括号中的变量，例如：

public static void main(String args[])

args数组从命令行获得字符串并传送给main方法进行处理。方法参数对于所在的方法中的语句都是可见的。

根据作用域的不同，变量可分为不同的类型：类成员变量、局部变量、方法参数变量和异常处理参数变量。下面将对这几种变量进行详细说明。

（1）类成员变量。类成员变量声明在类中，但不属于任何一个方法，其作用域为整个类。

```
//声明类成员变量
class ClassVar
    {
        int x=45;
        int y;
    }
```

在上述代码中，定义的两个变量x、y均为类成员变量，其中第一个进行了初始化，而第二个没有进行初始化。

（2）局部变量。在类的成员方法中定义的变量（在方法内部定义的变量）称为局部变量。局部变量只在当前代码块中有效。

例如，声明两个局部变量。

```
class LocalVar
{
    public static void main(String []args)
    {
        int x=45;//局部变量，作用域为整个main()方法
        if(x>5)
        {
            int y=0;//局部变量。作用域为if语句块
            System.out.println(y);
        }
            System.out.println(x);
```

在上述代码中，定义的两个变量x、y均为局部变量，其中x的作用域是整个main()方法，而y的作用域仅仅局限于if语句块。

（3）方法参数变量。声明为方法参数的变量的作用域是整个方法。

例如，声明方法参数变量。

```
class FunctionParaVar
{
    public static int getSum(int x)
    {
        x=x+1;
        return x;
    }
}
```

在上述代码中，定义了一个成员方法getSum()，方法中包含一个int类型的方法参数变量x，其作用域是整个getSum()方法。

（4）异常处理参数变量。异常处理参数变量的作用域在异常处理代码块中，该变量是将异常处理参数传递给异常处理代码块，与方法参数变量用法类似。

例如，声明异常处理参数变量。

```
public class ExceptionParVar
{
    public static void main(String[]args)
    {
      try
      {
              System.out.println("exception");
      }catch(Exception e)
        { //异常处理参数变量，作用域是异常处理代码块
              e.printStackTrace();
        }
    }
}
```

上述代码定义了一个异常处理语句。异常处理代码块catch的参数为Exception类型的变量e，作用域是整个catch代码块。

2.4 运算符与表达式

2.4.1 运算符

运算是对数据进行加工的过程，描述各种不同运算的符号称为运算符，而参与运算的数据称为操作数。表达式用来表示某个求值规则，可用来执行运算、操作字符或测试数据，每个表达式都产生唯一的值，其类型由运算符的类型决定。运算符类型有算术运算、关系运算、逻辑运算、赋值运算等。根据运算符操作数的多少，运算符可以分为一元运算符、二元运算符和三元运算符。

在使用运算符构成表达式时，应该注意运算符的优先级别和结合性，不要

把一个表达式写得过于复杂，可以将复杂的表达式分解成几步来完成，多使用括号来分隔表达式的优先运算，尽量让表达式简单、清晰易读。在Java语言中，表达式是用+、-、*、/、%等运算符号来连接的。这些运算符号被称为"运算符"，通常它的作用是规定某种法则，求出表达式的值。运算符主要有算术运算符、字符串运算符、关系运算符、逻辑运算符、赋值运算符、条件运算符，等等。

2.4.1.1　算术运算符

Java的算术运算符包括基本算术运算符以及自增、自减运算符。这里先介绍基本算术运算符。基本算术运算符包括单目运算符"+"、"-"以及双目运算符"*""/""%""+""-"。运算符"+""-"在单目算术运算中表示正、负，在双目算术运算中表示加、减。运算符"*"、"/""%"分别表示乘除、求余。

Java运算符分为一元运算符和二元运算符，一元运算符只有一个操作数，二元运算符有两个操作数参加计算。

（1）一元运算符。一元运算符有正（+）、负（-）、自加（++）、自减（--）。

一元运算符与操作数之间不允许有空格，如j= +i。

这里强调的是自加运算符++和自减运算符--，它们只能用于数值型变量或数值型数组元素。它们既可以放在操作数之前，也可以放在操作数之后，但两者的运算方式是不同的。

（1）++x、--x表示操作数先加1和减1，然后将结果用于表达式的操作。

（2）x++，x--表示操作数先参与其他的计算，使用完后再进行加1和减1。

看下面的例子：

如果x的原值是3，则

对于y=++x，y的值为4；

对于y=x++，y的值为3，然后x的值变成4。

（2）二元运算符。二元运算符有加（+）、减（-）、乘（*）、除（/）、取余（%）。这五种运算均适用于整型和浮点型，它们的结合方向是从左到右，当不同类型的操作数之间进行算术运算时，所得的结果类型与精度最高的那种类型一致。例如，7/2=3，7.0/2=3.5。

Java要求双目运算符左右两边操作数的类型必须一致才能运行，所得结果类型与操作数类型相同。如果双目运算符左右两边操作数的类型不一致，但它们相互兼容，例如，一边是整型数，另一边是实型数，则系统将会自动地把整型数先转换为等值的实型数，再进行运算，而结果类型将是实型。这称为类型提升。在Java中，类型提升遵循一定的规则。

下面对以下2类运算符做特别强调。

（1）模运算符（％）。模运算符也称为取余运算，用来求除法运算所得的余数。如果除数和被除数都是整数类型，则余数为整数类型；如果除数或被除数有一个是浮点类型，则余数为浮点类型。

例如：

x=25%4;//x的值为1

y=15.5%3;//y的值为0.5

特别提醒：对于有负数参与的模运算，结果与被除数符号相同。

例如：

x=10%-3;//x的值为1

y=-10%3;//y的值为-1

z=-10%-3;//z的值为-1

（2）自增运算符（++）。自增运算符用来给变量增加数1。根据自增运算符位置的不同，分为前缀自增和后缀自增。当自增运算符位于变量左边时称为前缀自增，如++x，变量x先自增，再使用；当自增运算符位于变量右边时称为后缀自增，如x++，变量x先使用，再自增。

例如：

int x=2;

int y=(x++)*3;//运算结果为x=3；y= 6。

自减运算符（--）：用来给变量减数1，其他用法同自增运算符一样。

算术运算符的优先级及结合性问题讨论如下：

优先级（由高到低，下同）：单目运算符"+""-"；双目运算符"*""/""%"；双目运算符"+""-"。其中以顿号分隔的运算符具有相同优先级。

结合性：单目运算符"+""-"为从右到左；双目运算符"*""/""%""+""-"均为从左到右。

例2-1　在表达式中运用运算符。

```
public class Eg1{
    public static void main(String[] args){
        int i=5/3;
        double j=5.0/3.0;
```

```
        System.out.println("5/3="+i+"\t"+"5.0/3.0="+j);
        int k=53;
        double p=5.5%3.2;
        System.out.println("58 3="+k+"\t"+"5.5%3.2="+p);
        String s1="我是";
        String s2="中国人";
        String s3=s1+s2;
        system.out.println("s3=s1+s2="+s3);
        }
    }
```

【注意】语句"System.out.println（"s3=sl+s2="+s3）;"中的"+"起连接两个字符串的作用。

例2-2 在表达式中运用运算符。

```
public class Eg2{
    public static void main(String[] args){
        int i=0;
        int j=0;
        j=i++;
        System.out.println("执行j=i++后，j="+j);
        System.out.println("i="+i);
        }
}
```

【注意】"++""--"是属于单目运算符。"++"表示变量值自增1，"--"表示变量值自减1。

2.4.1.2 字符串运算符

一个字符串表达式由字符串常量、字符串变量和字符串运算符组成。字符串运算的运算符只有一个，即"+"，表示将两个字符串连接起来，例如：

"12"+"34"+"567"   //运算后的结果为"1234567"

"hello"+"中国"   //运算后的结果为"hello中国"

"1"+23   //运算后的结果为"123"，23被系统自动转换为字符串"23"

2.4.1.3　关系运算符

关系运算又称为比较运算，是一种比较关系运算符左右操作数大小的简单逻辑运算，比较结果表示这种关系成立与否。Java具有完备的关系运算符，共提供了"<""<="">"">="""==""!="六种关系运算符，它们都是双目运算符。关系运算符见表2-4所列。

表2-4　关系运算符

运算符	功能	可运算数据类型	距离	结果
<	小于	整数型、浮点数型、字符型	'x'<'y'	true
>	大于	整数型、浮点数型、字符型	3>5	false
<=	小于等于	整数型、浮点数型、字符型	'M'<=88	true
>=	大于等于	整数型、浮点数型、字符型	8>=7	true
==	等于	所有数据类型	'X'!==88	true
!=	不等于	所有数据类型	true!=true	false

从表2-4可以看出，所有关系运算符均可以用于整数型、浮点数型、字符型，其中"=="和"!="还可用于逻辑型和引用数据类型，即可以用于所有的数据类型。

使用关系运算符时应注意以下规则。

（1）如果两个操作数是数值型，则按大小比较。例如：

5.5>=2　//结果为true

（2）如果操作数是char型，是将char型数据的Unicode编码与另一个操作数的Unicode编码做比较。例如：

char a='a';

char b='b';

boolean b1=a>b;//bl的值为false

boolean b2=a>105;//b2的值为false

（3）对于字符串的比较，需要注意==运算符和equals()方法的区别。例如：

String s1=new String("Helo");

String s2=new String("Hello");

if(s1==s2)

System.out.println("true");

else

System. out. println("false");

//==比较的是两者的内存哈希地址，故输出结果为false

if(s1.equals(s2))

System.out.println("true");

else

System.out.println("false");

//equals比较的是两者的内容，故输出结果为true

关系运算符的优先级与结合性如下。

优先级："<""<="">"">=""==""!="。关系运算符的优先级低于所有算术运算符。

结合性：均为从左到右。

可以使用上述六种关系运算符对整型、实型、字符型数据进行比较。但是，对于布尔型数据，仅能使用关系运算符"=="或"!="进行是否两者相等或不相等比较，却不能使用其余四个关系运算符来比较两者谁大谁小。

例如：

true==true

//结果值为true

true>flase

//无意义。Java编译器将给出出错信息

2.4.1.4　逻辑运算符

逻辑运算符用于对逻辑型数据进行运算，即true和false之间的运算，其结果仍为逻辑型。逻辑运算符有逻辑与（&&）、逻辑或（|）、逻辑非（!）、逻辑异或（^）、逻辑同或（对异或取反即得同或）。在Java中，常用的逻辑运算见表2-5所列。逻辑非体现非"真"即"假"，非"假"即"真"。逻辑与要求仅当两个操

作数均为"真"时，其结果值为"真"。逻辑或要求仅当两个操作数均为"假"时，其结果值才为"假"。"&"与"&&"及"|"与"||"在具体执行时还有所区别。逻辑异或要求仅当两个操作数取"真""假"值互不相同时，其结果值才为真。

表2-5　逻辑运算符真值表

运算符	表达式	结果
!	!true	false
	!false	true
&&	true&&true	true
	true&&false	false
	false&&true	false
	false&&false	false
||	true||true	true
	true||false	true
	false||true	true
	false||false	false

对于逻辑运算符的短路问题：逻辑运算符&&被false短路，逻辑运算符||被true短路，即不需要执行所有操作数就可以确定逻辑表达式的值。

例如：

int a=1,b=2;

boolean c;

c=(a>b)&&(a++>0);

c的值为false，a的值仍为1。因为表达式a>b的值为false，而对于逻辑运算符&&，一旦遇到false，后面的操作数可以不用考虑，所以表达式a++>0不会进行运算。在熟练掌握关系运算符和逻辑运算符以后，我们就可以使用逻辑表达式来表示各种复杂的条件。例如，判断一个年份是不是闰年，根据"四年一闰，百年不闰，四百年再闰"的原则，闰年的判断可以用于下逻辑表达式来描述：

（year%4==0&&year%100!=0）||year%400==0

当此表达式为true时，year为闰年，否则为平年。

逻辑运算符的优先级与结合性如下。

优先级："!""&""|""&&""||"。除了"!"的优先级较高外，其余各逻辑运算符的优先级均低于所有算术运算符和关系运算符。

结合性："!"为从右到左；"&""|""&&""||"均为从左到右。

逻辑运算符将多个布尔表达式连接起来，产生的结果也是布尔类型。Java的逻辑运算符有

&逻辑与（AND）

|逻辑或（OR）

^逻辑异或（XOR）

!逻辑非

&&条件与（AND）

||条件或（OR）

"逻辑与"的结果是当且仅当两个操作数都为true时才为true，而"逻辑或"的结果是当且仅当任何一个操作数为true时就为true，"异或"的结果为true的条件是两个操作数中必须有一个为true但不能两个同时为true，"逻辑非"取相反的操作。"条件与"和"条件或"与简单的&和|的逻辑功能是相同的，但当左边的操作数已经可以决定整个表达式的真值时，&&和||就可以避免再对右边的操作数进行计算，因此有时也称为"短路逻辑运算符"。

2.4.1.5　赋值运算符

赋值运算的作用是将数据、变量或者对象赋予另一个变量或对象，用"="表示。

赋值运算符的应用举例如下。

```
int a=10;
1ong b=a;
int c=10+20;
```

【注意】赋值运算是从右往左进行的。"="两边的类型要一致或者右边的类型和左边的类型要兼容。如果类型不同，则右边的类型要自动转换成左边的类型，然后再赋值；若不能进行转换，则需要把右边的类型强制转换成左边的类型。

赋值就是给一个变量一个值，赋值运算符分为两种。

（1）最简单又常用的"="运算符；

（2）复合的赋值运算符，即=与其他运算符的组合，如+=、-=、* =、/=、%=。例如：

int a=1,b=2;

a+=b;//等价于a=a+b，赋值后a=3

赋值运算符=执行的操作是将它右边的操作数的表达式的值赋给左边的操作数，其中，左边的操作数必须是一个变量，右边的表达式类型必须是可赋值给左边变量的类型，有时候可能会需要强制转换，它的基本格式如下：

<变量名>=<表达式>

赋值运算符的运算顺序是从右到左的，先计算<表达式>的值，再将<表达式>的结果值赋给<变量名>。例如：

int i,j;

i=5;

j=i+1;

赋值中的变量名必须已经声明过，而且表达式必须能计算出确定的值，否则将产生编译错误，如上例中出现k=10，系统将会报错。

2.2.1.6　条件运算符

条件运算是一个三目运算，其基本格式如下。

表达式1?表达式2:表达式3

当表达式1为真时，结果为表达式2的值；当表达式1为假时，结果为表达式3的值。

例如，条件运算符的应用。

```
public class Eg5{
    public static void main(String[] args){
        int i=5;
        int j=10;
        system.out.println("i和j中的大值为"+(i>j?i:j));//求i和j中的最大值
        system.out.println("i和j中的大的变量为"+(i>j?'i':'j'));//求i和j中的最
大变量名
    }
}
```

当一个表达式中存在多个运算符进行混合运算时，会根据运算符的优先级别来决定执行顺序。处于同一级别的运算符，则按照它们的结合性，通常是从左向右，见表2-6所列。

表2-6   Java语言中运算符的优先级以及结合性

优先级	运算符	结合性
1	( ) [ ]	从左向右
2	! +(正)-(负) ~ ++ --	从右向左
3	*/%	从左向右
4	+(加)-(减)	从左向右
5	<< >> >>>	从左向右
6	<<= >> =instanceof	从左向右
7	== !=	从左向右
8	&(按位与)	从左向右
9	∧	从左向右
10	|	从左向右
11	&&	从左向右
12	||	从左向右
13	?:	从右向左
14	<<= >>= >>> =	从右向左

条件运算符是Java中的一个三元运算符，其具体格式如下：

条件表达式?表达式1:表达式2

该操作符首先求出条件表达式的值，如果值为true，则以表达式1的值作为整个条件表达式的值；如果条件表达式的值为false，则以表达式2的值作为整个条件表达式的值。

例2-3 输入一个符号，若为英文字母则实现大小写字母之间的相互转换，否则保持不变。

```
import java.util.Scanner;
public classEx2_2{
    public static void main(Str ing args[]){
        char a,b;
        String str="";
        Scanner input=new Scanner(System.in);
        System.out.print("请输入一个字符");
        str= input.next();//next()方法返回的是一个String;
        a= str.charAt(0);//获取输入的第一个字符
        b=(a>='A'&&a<='Z')?(char)(a+32);
        ((a>='a'&&a<='z')?char)(a=32)：a);
        System.out.println(b);
    }
}
```

程序运行如下：

请输入一个字符F／

f

2.4.2　表达式

表达式是描述计算机规则的一种算法结构，是运算求值的基本单位，也是Java编译器处理运算的最重要的成分。表达式由运算对象和运算符组成，根据需要可增加圆括号对。运算对象又称操作数，包括变量、常量标识符、常量、方法调用等。运算符又称操作符，是用于描述对操作数进行运算的特殊符号。Java提供了非常丰富的各种各样的运算符，从而构成了既功能强大又灵活多样的各类表达式，用于进行各种复杂的运算，处理相应的操作。一个表达式不管其形式有多复杂，都是上述诸元素的有效组合，而其最终运算结果则是一个值。

2.4.2.1　算术表达式

算术表达式由算术运算符连接数值型运算对象所构成。算术表达式的结果值类型可能是整型、单精度实型或双精度实型。算术表达式与一般数学式相似，其求值规则亦雷同，即除运算符有优先级外，还包括同一级运算符（一般按书写顺序自左至右计算），以及圆括号内、方法调用优先计算等。然而，Java程序中的算术表达式与一般数学式在表示形式上又有所不同，比如b^2-4ac应表示为b*b–4*a*c，$\dfrac{-b}{2a}$应表示为–b/(2*a)或者–b/2/a等。还有，算术表达式中所有括号对包括多重括号对一律使用圆括号对。

2.4.2.2　关系表达式

由关系运算符及其操作数所组成的表达式，称为关系表达式。操作数本身亦可以是合法的表达式，包括算术表达式、关系表达式等。关系表达式是一种很简单的逻辑表达式，它表明值与值之间的相互关系，其结果值类型为布尔型。因此，任何关系表达式的计算结果值只能是true或false。

```
//关系表达式示例。
1+2==3   //结果值为true
'A'>'a'   //结果值为false
'A'!='a'   //结果值为true
//设有变量声明语句
int a=1，b=3，c=2；
则
a!=0
//结果值为true
b*b-4*a*c>=0
//结果值为true
```

2.4.2.3　逻辑表达式

由逻辑运算符及其操作数组成的表达式，称为逻辑表达式，或称布尔表达式。在逻辑表达式中，同样可以使用圆括号对以改变运算优先顺序。其操作数自身也可以是合法的、结果值为布尔值的其他表达式。逻辑表达式的结果值要么是true，要么是false。特别的，布尔值true或false本身，或者一个关系表达式，也可视作是一个逻辑表达式的特例。

表达式是算法语言的基本组成部分，是由运算符和操作数组成的，它表示一种求值规则，通过计算可以得到它的结果。这个结果可能是一个变量或数值，也可能什么都没有，因为表达式可能是对一个被声明为void的方法的调用。操作数是参与运算的数据，可以是常数、变量、常量或方法引用，表达式中出现的变量名必须已经被初始化。

表达式按照运算符的优先级进行计算，运算符中圆括号的优先级最高，次序是先内层后外层，下面是表达式的例子。

(i+3)*2

x+y+z

(i>=0)&(i<=10)

Java表达式既可以单独组成语句，也可以出现在循环条件、变量说明、方法的参数调用等场合。

3 结构化程序设计

Java程序运行时通常是按照语句排列的顺序自上而下来执行语句的，但有时程序会根据不同的情况，选择稍微复杂的语句结构来解决复杂的问题，这就需要选择不同的语句来执行，或者重复执行某些语句，或者跳转到某语句执行。这些根据不同的条件运行不同语句的方式被称为"流程控制"，它有三种结构，即顺序结构、选择结构、循环结构。

3.1　顺序结构

顺序结构是最简单的程序结构，组成程序的Java语句按照书写顺序自上而下执行。本节主要介绍Java语句的构成成分及其特点、基本输入/输出的方法和顺序结构程序设计方法。

3.1.1　Java语句

Java语句以分号";"作为结束标志，单独的一个分号也可以看作一条语句，也称空语句，表示什么也不做。

Java语句根据其作用，分为说明性语句和操作性语句两种类型。

（1）说明性语句。Java的说明性语句包含包和类引入语句、声明变量语句、声明类语句、声明对象语句等。

例如：

import java.applet.Applet;//包引入语句

int k,j;//声明变量

（2）操作性语句。Java的操作性语句有表达式语句、复合语句、流程控制语句等，其中流程控制语句包含选择语句、循环语句、跳转语句等。

下面简单地介绍一下表达式语句和复合语句。

（1）表达式语句。在表达式的后面添加一个分号就构成了一个表达式语句，表达式语句能够根据相应的操作来完成一定的数据处理功能，如赋值、累加、累乘、方法调用等。表达式语句一般是顺序执行的。例如：

k=3;//赋值语句

i++;//累加

system.out.println("i="+i);//方法调用

（2）复合语句。复合语句也称为块(block)语句，是包含在一对大括号 "{}" 中的语句序列。

它是以 "{" 开始，以 "}" 结束，和其他的语句不同的是，"}" 后面不能有分号，但是在内部的每条分语句必须以 ";" 结尾。例如：

```
{
    i++;
    j++;
}
```

尽管复合语句含有很多个语句，但是从语法上来说，一个复合语句被看作是简单语句，它是被整体执行的。在上例中，"{ }" 中的两条语句 "i++;" 和 "j++;" 构成了一个复合语句，它被看作是一条语句。

3.1.2 基本输入输出

在编写程序的时候，输入与输出是不可缺少的，但是Java并没有提供专门的输入/输出语句，它的输入和输出是依靠系统提供的输入/输出类的方法来实现的。Java的标准输入/输出是指在字符方式（如"命令提示符"窗口）下程序与系统进行交互的方式，键盘和显示器屏幕分别是标准的输入设备和输出设备。

3.1.2.1 基本输入方法

System.in是InputStream类的静态实例，通过它调用read方法可以读取键盘输入的字符。其调用格式如下：

System.in.read();

该方法的功能是从键盘上接收一个字符，返回值为int类型，值为接收字符的ASCII码值，若转换成字符型则为它本身。

```
//从键盘输入字符并回显在屏幕上
import java.io.*;
class ShowChar{
    public static void main(String[] args) throws IOException{
        char c;
        c=(char)System.in.read();//用char强制转换
        ystem.out.println(C);
    }
}
```

该程序通过调用System.in.read()读取键盘输入的字符并赋值给变量c，且调用System.out.println(c)输出到显示器屏幕上。然而用System.in.read()处理输入存在的一个问题，它只能处理字符，如果程序要求输入其他类型的数据，则通过JDK提供的一个Scanner类读取用户以命令行方式输入的各种数据类型。使用Scanner类的具体方法如下。

首先定义一个Scanner对象的实例。

Scanner reader=new Scanner(System.in)

其次reader对象调用指定的方法，读取用户在命令行输入的数据，注意必须显式地引入Java.util.Scanner包。Scanner常用的读取数据的方法见表3-1所列。

表3-1　Scanner方法

方法	说明	方法	说明
nextInt()	输入一个int类型数据	nextShort()	输入一个short类型数据
nextLong()	输入一个long类型数据	nextByte()	输入一个byte类型数据
nextFloat()	输入一个float类型数据	nextDouble()	输入一个double类型数据
next()	输入一行字符串		

下例说明了如何用Scanner类从键盘读入一个整型数据。

int k;

Scanner input=new Scanner (System.in);//创建一个Scanner对象，从键盘读取数据

k=input.nextInt(); //调用input对象的方法nextInt()，从键盘输入一个整数

3.1.2.2　基本输出方法

System.out是PrintStream打印流的静态实例对象，可以调用它的print、println或printf方法来输出各种类型的数据。数据输出方法的基本格式如下：

System.out.print(表达式);

System.out.println(表达式);

System.out.printf(格式控制，输出列表);

其中，print()和println()是最常用的方法，区别是前者在输出表达式的值之后不换行，后者换行。

printf()是显示格式化数据。具体说明如下。

（1）格式控制是用双引号括起来的字符串，也称转义字符串，它表达两种信息，一是格式说明，二是原样输出的内容。格式说明由%和格式说明符组成，例如，格式说明符f表示格式化输出浮点数，d表示输出十进制整数，s表示输出字符串。

（2）输出列表是需要输出的数据，也可以是表达式。

```
//printf输出格式示例。
public class ShowPrintf{
    public static void main(String[] args){
```

```
        double x=345.678;
        String s="Java程序设计";
        int l=1234;
        System.out.printf("x=%f",x);//%f表示格式化输出浮点数
        System.out . println();//换行
        System.out.printf("x=%9.2f\n",x);//9表示输出的长度，2表示小数点后
的位数
        System.out.printf ("i=%d\n",i);//%d表示输出十进制整数
        System.out.printf("i=%o八进制\n",i);//%o表示输出八进制整数
        System.out.printf("i=%x十六进制\n",i);//%x表示输出十六进制整数
        System.out.printf("字符串s=%s\n",s);//%s表示输出字符串
    }
}
```

输出结果为

x=345.678000

x=345.68

i=1234

i=2322八进制

i=4d2十六进制

字符串s=Java程序设计

3.1.3　顺序结构程序举例

对于顺序结构而言，程序是按语句出现的先后顺序依次执行的。下面看几个例子，虽然不难，但对形成清晰的编程思路是有帮助的。

//输入两个整数给变量并交换变量的值。

程序分3步实现：

（1）输入两个变量的值。

（2）交换a和b的值。

（3）输出两个变量的值。

显然，关键在第2步。通常要交换两个整型变量的值，可以定义一个中间变量为t。

程序如下：

```java
import java.util.Scanner;
public class ExchangeValue {
    public static void main(String[] args){
        Scanner input=new Scanner(System.in);
        System.out.println("请输入第1个数n:");
        int n=input.nextInt() ;
        System.out.println("请输入第2个数m: ");
        int m=input.nextInt();
        int t=0;
        System.out.println("交换前的数据：n="+n+"m="+m) ;
        t=n;//先保存n的值到临时变量t
        n=m;//将m的值赋给n
        m=t;//将t的值赋给m
        System.out.println("交换后的数据：n="+n+"m="+m);
    }
}
```

输出结果为

请输入第1个数n：

3✓

请输入第2个数m：

5✓

交换前的数据：n=3 m=5

交换后的数据：n=5 m=3

//从键盘输入一个3位整数n，输出其逆序数m。例如，输入n=127，则m=721。

程序分为3步。

（1）输入一个3位整数n。

（2）求逆序数m。

（3）输出逆序数m。

关键在第2步。先假设3位整数的各位数字已取出，分别存入不同的变量中，设个位数存入a，十位数存入b，百位数存入c，则m=a*100+b*10+c。因此关键是如何取出这个3位整数的各位数字。取出各位数字的方法，可用取余运算符%和整除运算符/来实现。例如，n%10取出n的个位数；n=n/10去掉n的个位数，再用n%10取出原来n的十位数，以此类推。

```
import java.util.*;
public class ReverseValue{
    public static void main(String[] args){
        int n,m,a,b,c;
        Scanner input=new Scanner(System. in);
        n=input.nextInt();
        a=n%10;/*求m的个位数字*/
        b=-n/10810;/*求m的十位数字*/
        c=n/100;/*求m的百位数字*/
    }
}
```

3.2　循　环　结　构

到目前为止，所编写程序中的每条语句只有一次执行的机会。

3.2.1　while语句

用while语句可以实现当型循环，它的语法格式为
初始循环变量；
While(条件表达式) {

　　　　循环体

　　}

　　执行过程：首先初始化循环变量，判断条件表达式的值是否为真，如果为真，则执行循环体；如果为假，则执行循环体后面的语句。这种循环一般使用在不知道循环次数的情况下。从while循环与for循环的执行流程看，它们的执行机制实质上是一样的，都是在循环前先做条件的判定，只有条件为真，才进入循环（图3-1）。

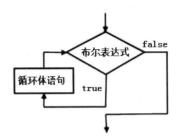

图3-1　while 语句流程图

　　while语句实现如下：

　　int i,sum=0;

　　i=1;//i的初始值为i

　　while(i<=100){

　　　　sum=sum+i;//累加，累加的结果保存在sum

　　　　i++;//修改循环变量1

　　}

　　System.out.println(sum);

　　while语句的功能是：先计算条件表达式，为true，则执行循环语句块；为false，则跳出循环。

　　while语句的执行次序是：先判断条件表达式的值，若值为假，则跳过循环语句区块，执行循环语句区块后面的语句；若条件表达式的值为true，则执行循环语句区块，然后再回去判断条件表达式的值，如此反复，直至条件表达式的值为false，跳出while 循环体。注意：在while语句的循环体中应该有改变条件的语句，防止死循环。

　　例如，使用while语句的时候要注意，while语句在循环一开始就计算条件表达式，若开始时条件为假，则循环体一次也不会执行。比如下面这个例子：

inta=10,b=20;

while(a=>b)

{

    System.out.println("这行文字不会被打印");

}

上面这个例子由于a>b的结果返回的是假(false)，所以"这行文字不会被打印"的字样是不会被输出到控制台上的，因为while语句的循环体根本不会被执行到。

例3-1 求一批学生的平均成绩。

先将输入的成绩累加，再除以学生的人数，算出平均成绩。考虑到成绩都是大于0的数，可以选用一个负数作为结束标志，因此循环条件（条件表达式）就是输入的成绩grade>=0。

程序如下：

```java
import java.util.*;
public class TestWhile{
public static void main(String[] args){
    double grade,sum=0;
    int n=0;
    Scanner input=new Scanner (System.in);
    System.out.println("请输入成绩，负数表示结束");
    grade=input.nextDouble();
    while(grade>=0){
        sum+=grade;//累加成绩
        n++;//统计人数
        grade=input.nextDouble();
    }
    if (n>0) System.out.println("平均成绩为"+sum/n);
}
```

输出结果为

请输入成绩，负数表示结束

9078557868-1

平均成绩为73.8

　　while语句先判断是否满足循环条件，只有当grade>=0时才执行循环，因此要在进入循环之前先输入第一个数据。如果该数据不是负数，就进入循环累加成绩，再输入新的数据，继续循环。

3.2.2　do while语句

　　for语句和while语句都是在循环前先判断条件，只有条件满足后才会进入循环，如果一开始循环不满足，则循环一次都不执行。do...while循环与上述两种循环语句略有不同，它先执行循环体，后判断循环条件。所以无论循环条件的值如何，至少会执行一次循环体，它是一种典型的直到型循环，语法格式为

　　do{

　　　　循环体

　　}while(条件表达式)；

　　执行过程：先执行循环体，再判断条件表达式的值，如果条件表达式的值为真，继续循环，直到条件表达式的值为假，退出循环。

　　例3-2　用do...while语句实现例3-1的功能。

```
import java.util.*;
public class TestDowhile{
public static void main(String args[]){
        double grade,sum=0;
        int n=0;
        Scanner input=new Scanner(System.in);
        System.out.println("请输入成绩，负数表示结束");
        grade=input.nextDouble();
        if(grade>=0)
        {
            do{
                sum+=grade;//累加成绩
```

```
                    n++;//统计人数
                    grade=input.nextDouble();
                    }while(grade>=0);
            }
                if(n>0) System.out.println("平均成绩为"+sum/n);
            }
        }
```

　　由此可以看到，对同一个问题，既可以用while循环，也可以用do...while循环处理。在一般情况下，两种语句所得的结果是相同的。但对于本题，如果第一个输入的数据不满足循环条件（即grade<0），两者的处理是不一样的，while循环的循环体不会被执行，而do...while循环会累加这个负数并计数一次。针对这种情况，为确保对所有的输入都能正确处理，本段代码在do...while语句之前对第一次输入的数做一个检验，若grade>=0，则执行do...while循环，否则什么都不做。

3.2.3　for循环

　　for循环也叫作计数循环，一般适用于循环次数确定的情况，如求1到100的和，重复执行累加操作的语句100遍。

　　for循环的一般格式为

　　for(表达式1;表达式2;表达式3) {

　　　　循环体

　　}

　　for循环执行（图3-2）的步骤如下：

　　（1）第一次进入for循环时，对循环控制变量赋初值。

　　（2）根据判断条件检查是否要继续执行循环。为真，执行循环体内语句块；为假，则结束循环。

　　（3）执行完循环体内的语句后，系统根据"循环控制变量增减方式"改变控制变量值，再回到步骤（2），根据判断条件检查是否要继续执行循环。

　　下面是使用for循环的计数程序。

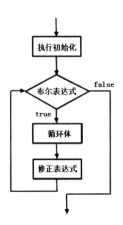

图3-2　for语句流程图

（1）for循环的一些变化。for循环在编程的过程中是较为常用的，由于for循环中的三部分（即赋初值、判断条件、循环控制变量增减方式）并不仅仅用于它们所限定的那些目的，所以for循环可以有比较灵活的使用方法。

（2）循环的嵌套。和其他编程语言一样，Java允许循环嵌套，即一个循环在另一个循环之内。

例3-3　用for循环语句求1累加到100的和。

```
public class TestFor {
public static void main (String[] args) {
        int i, sum=0;
        for(i=1; i<= 100; i++)//i的初始值为1，终值为100，每次增加1
            sum=sum+i ;//累加，累加的结果保存在sum
    System. out .println(sum); //输出 sum，它不是循环体语句
    }
}
```

说明：

（1）上例中，表达式1是设定初值，是一个赋值语句；表达式2是一个条件表达式，设定循环的结束条件；表达式3是一个赋值语句，用来修改循环变量的值。

（2）for语句执行时，首先执行初始化操作，其次判断终止条件是否满足，如果满足，则执行循环体中的语句，最后修改循环变量。

（3）for语句中的3个表达式，可以省略其中任意一个表达式，也可以省略其

中的2个，甚至3个表达式。注意，表达式虽然可以省略，但是其中的2个分号在任何情况下不可以省略，否则会出现语法错误。

①省略表达式1的情况。此时应在for语句之前给循环变量赋初始值。对于例3-3，相关语句修改为

i=l;//先给循环变量i赋初始值1

for(;i<=100;i++)//省略表达式1

sum=sum+i;

②省略表达式2的情况。如果表达式2省路，则无循环终止判定，此时可认为表达式2永远为真，循环会一直执行，不会退出，这种情况被称为死循环。在表达式2省略的情况下，为避免出现死循环，可用break语句跳出循环。

for(i=1;;i++){//省略表达式2

　　if (i>100) break;//当i>100时，跳出循环

　　sum=sum+i ;

 }

③省路表达式3的情况。此时，应在循环体内修改循环变量的值。例如：

for(i=1;i<=100;) {//省略表达式3

　　sum= sum+1;

　　i++;//增加循环变量的值

}

④省略两个表达式的情况。如果表达式1和表达式3都省略，则需综合①和③两种情况，例3-3的代码修改如下：

i=1;//先给循环变量i赋初始值1

for(;i<=100;) {//省略表达式1和表达式3

　　sum=sum+i ;

　　i++;//增加循环变量的值

}

如果3个表达式都省略，则这种for 语句不设置初始值，没有循环终止条件，也不修改循环变量，会无终止地执行循环体，可以按照①和②或③做相应处理。

（4）表达式可以是逗号表达式。例如：

int sum=0,i,j;

for(i=1,j=100;i<j;1++,j--)

sum=sum+i+j;

这段代码也可以实现求1+2+…+100的和。与例3-3不同的是用了两个循环变量i和j,赋初始值和修改循环变量的表达式用了逗号表达式。读者可以思考一下,如果求1+2+…+101,则表达式2应如何写?

(5)当循环体的语句不止一条时,应使用复合语句。

(6)循环体可以是空语句。例如:

```
for(i=1;i<=100;sum=sum+1,i++);
```

这个for语句的循环体只有一个分号,表示为空语句。其实质是将例3-11的循环体放到表达式3。要注意逗号表达式语句的执行顺序,如果修改为for i=1;i<=100;++,sum=sum+i,计算结果就错了。

3.2.4   嵌套循环

Java允许多个循环语句嵌套使用,即循环体的内部又嵌套一个或多个循环。Java循环嵌套又称多重循环,Java允许多重嵌套,即两重以上的循环嵌套。for循环可以嵌套for循环、while循环、do...while循环,反之亦然。要注意的是,嵌套循环不允许交叉,如

```
for( ; ; ){
    do
    {
    }while(...)
}
```

是正确的嵌套,而

```
for( ; ; )
{
    do{
}
} while(...)
```

这种方式是不允许的。

例3-4   用选择法将一组数按从小到大排序。

将一组无序的数按照某种顺序重新排列的方式称为排序,如果不加说明,

一般指从小到大排列（即升序）。排序的算法有很多，常见的算法有冒泡法、选择法，shell排序、归并排序、快速排序等。选择法的基本思想是：首先在所有数中选择值最小的数并把它与第一位置的数交换，其次在其余的数中选择最小的数与第二个数交换，以此类推，直到所有的数都排序完成。假设待排序的一组数为｛23，4，19，5，8｝，选择排序的过程如下：

初始状态： 23　　4　　19　　5　　8

第1趟： [4]　　23　　19　　5　　8

第2趟： [4　　5]　　19　　23　　8

第3趟： [4　　5　　8]　　23　　19

第4趟： [4　　5　　8　　19]　　23

分析执行过程可知，n个数的选择排序需要进行n-1趟，每一趟需要从剩余的数中选择一个最小数，从m个数中选择一个最小数可以用一个循环实现。显然，选择法排序算法要做一个两重的嵌套循环。程序如下：

```
public class SelectSort{
    public static void main(String[] args){
        int a[]={23，4，19，5，8}, i, min, k, t, j;
        for (i=0;i<a.length-1;i++){//外层循环执行n-1趟
        min=a[i];
        k=i;
        for(j-i+1;j<a.length;j++)
        if(a[j]<min) {//如果a[j]<min，修改min的值，并保存最小值的位置
                min=a[j];
                k=j;
            }
        if(k!=i){//如果k!=i，将当前最小的数交换为第i个位置
            t=a[i];
            a[i]=a[k];
            a[k]=t;
        }
        for(i=0;i<a.length;i++)//输出排序后的结果
        System. out.printf("%8d",a[i]);
```

```
            System.out.println();
        }
    }
```

3.3　选　择　结　构

在很多情况下需要根据各种条件选择要执行的语句，这就是选择结构。Java语言中，使用条件语句（if语句和switch语句）来实现选择。它们根据条件判断的结果，选择所要执行的程序分支。

3.3.1　单分支条件语句

单分支条件语句的语法格式为

if(条件表达式)语句;

或

if(条件表达式)语句块;

执行过程：解析条件表达式时，如果条件表达式的值为真，则执行紧跟后面的语句或者语句块；如果条件表达式的值为假，则跳过紧跟的语句或者语句块。

例3-5　求两个数中的较大数。

```
import java. util. Scanner;
public class MaxValue
public static void main(String[] args) {
        int a,b,max;
        Scanner input=new Scanner(System.in) ;
        System.out.println("请输入第1个数a：");
```

```
        a=input.nextInt();
        System.out.println("请输入第2个数b：");
        b=input.nextInt();
        max=a;
        if(b>a) max b;
        System.out.println (max) ;
    }
}
```

输出结果1如下所示。

请输入第1个数a：

22 ╱

请输入第2个数b：

34 ╱

34

输出结果2如下所示。

请输入第1个数a：

22 ╱

请输入第2个数b：

10 ╱

22

程序用max存储a、b两个数中较大的那个数。首先令max=a，其次比较a、b的值，b程序用max存储a、b两个数中较大的那个数。首先令max=a，其次比较a、b的值，如果b大于a，则令max=b，否则什么都不做，显然分支语句执行完以后，max保存的值即为所求，最后输出max的值。从运行结果看，当a=22，b=34时，判定条件b>a成立，分支语句max=b执行，最终输出为34；而当a=22，b=10时，判定条件b>a不成立，分支语句被跳过了，此时max的值为a的值22。

3.3.2　双分支条件语句

双分支条件语句的语法格式为

if(条件表达式)

语句1或语句块1

else

语句2或语句块2

执行过程：先解析条件表达式，当条件表达式为真时，执行语句1或者语句块1；当条件表达式为假时，执行语句2或者语句块2。语句1或语句2总要执行一个，但不会都执行。

例如，判断一个整数的奇偶性的语句如下：

if(i%2==0)

System.out.println(i+"是偶数!");语句1

else

System.out.println(i+"是奇数!");语句2

根据整数的奇偶性的定义，如果整数i除以2的余数是0，说明i是一个偶数，否则说明i是一个奇数。因此在这个例子中，用%2==0作为判定条件，且一个数要么为偶数要么为奇数，语句1或语句2中必有一条要执行。

例3-6 用if嵌套实现(Eg6.java)：成绩≥90分为优，成绩在80~89分为良，成绩在60~79分为合格，成绩<60分为不合格。

```java
public class Eg6{
public static void main(String[] args){
        int cj=77;
        if(cj>=80){
            if(cj>=90){
                System.out.println("成绩等级为：优");
            }
            else{
                System.out.println("成绩等级为：良");
            }
        }
        else{
            if(cj>=60){
                System.out.println("成绩等级为：合格");
            }
```

```
        else{
            System.out.println("成绩等级为：不合格");
         }
       }
    }
```

3.3.3　多分支条件语句

多分支条件语句的语法格式为
if(条件表达式1)
语句1或语句块1
else if(条件表达式2)
语句2或语句块2
......
else if(条件表达式n)
语句n或语句块n
else
语句n+1或语句块n+1

执行过程：首先判断条件表达式1是否为真，如果为真则执行语句1或语句块1，后面的语句不再被执行，分支语句结束；其次判断条件表达式2是否为真，如果为真，则执行语句2或语句块2，分支语句结束；再次判断条件表达式3……如果没有满足的条件表达式，则执行else后的语句或语句块，如图3-3所示。

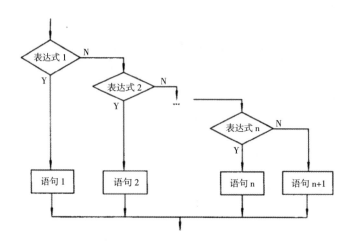

图3-3　多分支选择结构的执行流程

例3-7　输入一个学生的成绩，判断其等级。

学生的成绩是0~100的正整数，一共有优、良、中、及格和不及格5个等级。成绩大于等于90分评定为优，大于等于80分且小于90分评定为良，大于等于70分且小于80分评定为中，大于等于60分且小于70分评定为及格，小于60分评定为不及格。程序如下：

```java
import java.util.Scanner;
public class ScoreGrade{
public static void main(String[] args){
    int score;
    Scanner input=new Scanner(System.in);
    System.out.println("请输入分数：");
    score=input.nextInt();//注意输入的数字的范围是0~100
    if (score>-90)
        System.out.println("成绩为优");
      else if(score>=80)//score<90 && score>=80
        System.out.println("成绩为良");
      else if(score>=70)//score<80&&score>=70
        System.out.println("成绩为中");
      else if (score>=60)//score<70&&score>=60
        System.out.println("成绩为及格");
```

```
    Else        //score<60
        System.out.println("成绩为不及格");
    }
}
```

输出结果为

请输入分数:

77✓

成绩为中

这里只列出了一次运行结果,请读者自己运行该程序,输入不同分数段的值,观察程序运行的结果。

从题目的分析看,如果每个分支的判定条件书写完整,如成绩良好的完整判定条件为"score>=80&&score<90",那么调换分支语句的先后顺序不会影响程序运行的结果。但对于上面的代码,交换分支1和分支2的顺序,程序的运行结果将不再正确。

```
if (score>=80)
System.out.println("成绩为良");
else if(score>=90)
System.out.println("成绩为优");
```

交换之后,输入91,输出结果是"成绩为良",而91分的正确等级是优。这是因为多分支语句的书写顺序决定了判断条件表达式语句的执行顺序。第二个判断条件执行的前提是第一个条件为假,即score<90,若第二个条件(score>=80)成立,则必满足(score>=80 && score<90)。因此,在编写多路选择的程序时要考虑好各分支的先后顺序对判定条件的影响,设计合理的分支顺序可简化分支的判定条件。

多分支语句的功能可以用嵌套的if语句实现。if语句又包含一个或多个if语句的形式,称为if语句的嵌套。例如:

```
if( )
  if( )
     语句1
  else
     语句2
else
```

```
if( )
    语句3
else
    语句4
```

要特别注意if与else的配对关系。配对的原则是从最内层开始的，else 总是与它上面相距最近的未曾配对的if配对。

3.3.4　开关语句 switch

分支语句(switch) 有时也称为"选择语句""开关语句""多重条件句"。其功能是根据一个整数表达式的值，从一系列代码中选取出一段与之相符的执行。它的格式如下：

```
switch (<表达式>)
    {
    case <常量1>:
    <语句1>:
      break;
    case <常量2>:
    <语句2>:
    break;
    case <常量n: <语句n>:
    break;
    [default: <语句n+1>: ]
    }
```

其中，switch、case 和default都是关键字，语句序列可以是简单或复合语句（不需要用圆括号括起来）。switch 后的表达式需要用圆括号括起来，并且switch语句的主体要用大括号"{}"括起来。要计算的表达式的数据类型与指定的case常量的数据类型相匹配。从名称可以判断，case 标记只可以是整型或字符常量。它也可以是常量表达式，但前提是该表达式不包含任何变量名。所有的case标记必须是不同的。

在switch语句中，先要计算表达式的值，再将这个值与case标记依次进行比较。如果表达式的值与标记相匹配，那么就会执行与这个case标记关联的语句。break语句确保能立即从switch语句中退出，如果不用break 语句，那么将不考虑case的值而执行case标记后的语句，只到遇到了break才会终止执行。因此，break语句被认为是在使用switch语句时的一个非常重要的语句。switch语句的流程如图3-4所示。

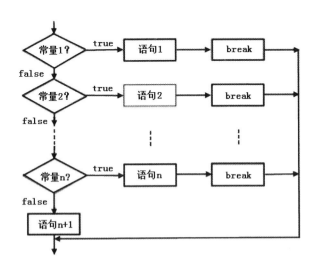

图3-4　switch 语句流程图

总的来说：

（1）switch后表达式必须是整型、字符型；

（2）每个case的常量必须不同；

（3）若没有break，程序将继续执行下一个case语句；

（4）default 位置可任意，但要注意break。

如果不写break，有匹配case的语句被执行完后，还会继续执行；default语句是可选的，它的作用是这样的：所有case都没有得到匹配，那么default语句将被执行。对于default语句，假设没有break语句时，必须记住下面的规则：有匹配时，从那个case开始执行，到default语句执行完毕；无匹配时，执行default。另外，还要注意：在break语句后面不要再放上语句，这会使编译器产生不可达代码错。switch语句的判断条件必须是整数，可以为short、char、byte和int，但不能为long。

例3-8   使用switch语句求解简单表达式。输入一个四则运算符，计算并输出结果。

```java
import java.util.*;
public class TestSwitch{
public static void main(String[] args){
        double a,b;
        char C;
        Scanner input=new Scanner(System.in);
        System.out.println("请榆入四则运算表达式");
        a=input.nextDouble();
        c= input.next().charAt(0);
        b=input.nextDouble();
        switch(c){
            case'+':
                System.out.printf("%.2f+%.2f=%.2f \n",a,b,a+b);
                break;
            case '-';
                System.out.printf("%.2f*%.2f=%.2f \n",a,b,a-b) ;
                break;
            case '*';
                System.out.printf("%.2f*%.2f=%.2f \n",a,b,a*b);
                break;
            case '/';
                System.out.printf("%.2f/%.2f=%.2f \n",a,b,a/b);
                break;
            default;
                System.out.println("无效的运算符");
                break;
            }
        }
    }
```

输出结果为

请输入四则运算表达式

12*25 ↙

12.00*25.00=300.00

【注意】输入的操作数和运算符之间由空格隔开，这是因为scanner 默认以空格作为分隔符进行模式匹配处理输入数据的。default后的break语句可省略，但其他分支的break语句不可省略。

3.4 转 跳 语 句

在程序设计时，有时需要中断正在执行的程序语句，转而执行其他的程序，这样就需要使用跳转语句。Java语言支持break、continue和return 三个跳转语句。

3.4.1 break语句

break语句能够终止循环的执行，跳出循环语句，也可以从switch语句中跳出，执行switch结构后面的语句。

例3-9 break语句举例(Breakloop.java)。

```java
public class BreakLoopl(String args[]){
    for( int i=0;i<100;i++){
        if(i==10) break;
        System.out.println("i:"+i);
        }
    System.out.println("Loopcomplete");
}
```

例3-10 判断输入的正整数是否为素数。

素数就是只能被1和自身整除的正整数。判断一个数n是否为素数，需要检查该数是否能被1和自身以外的整数整除，即判断m能否被2~m−1的整数整除。用求余运算%来判断整除，余数为0表示能被整除，否则就意味着不能被整除。例如，12%3=0说明12能被3整除；而5%3=1，说明5不能被3整除。

设i取值[2，m−1]，如果m不能被该区间上的一个数整除，即对每个i，m%i都不为0，则m是素数；但只要m能被该区间上的任一个数整除，即只要找到一个i，使m%i为0，则m肯定不是素数。

程序如下：

```java
import java.util.*;
public class IsPrime;
public static void main(String args[]) {
        int i=0,num;
        Scanner Reader=new Scanner(System,in);
        num=Reader.nextInt();
        for (1=2;i<num;1++){
            if (num&i==0) break;//如果[2，m−1]之间有一个数i能整除m，提
前退出循环
        }
        if(i==num)
            System.out.println(num+"是素数");
        else
            System.out.println(num+"不是素数");
}
```

输出结果1：

17✓
17是素数

输出结果2：

35✓
35不是素数

如果在循环中只要有一个i能整除num，即num%i=0，则num肯定不是素数，不必再检查m能否被其他的数整除，可提前结束循环。循环结束有两种可能，遍历区间[2，num−1]之间的所有数，如果都不能整除num，则退出循环；如果遇到

一个能整除num的数，则调用break退出循环。因此只要在循环结束以后，判断循环变量i的值是否大于num−1就可以知道num是否为素数。

3.4.2　continue语句

continue语句只能使用在循环语句中，它跳过循环体中尚未执行的语句，重新开始下一轮循环，从循环体的第一个语句开始执行。

例3−11　输出1到100之间的不能被7整除的数。

```java
public class NotDivisible{
public static void main(String[] args){
        for(int i=1;i<=100;i++){
            if (i%7==0) continue;
            System.out.println(i); //输出i并换行
        }
    }
}
```

程序从1开始循环到100，如果i能被7整除，即i%7==0成立，则跳过循环体中尚未执行的语句，转去执行表达式3。对于for语句，在使用continue语句时，通常情况下不能把表达式3的内容放入循环体。使用while语句实现的程序如下：

```java
public class TwoLoop{
    public static void main (String[] args) {
        int i=0;
        while(i<100) {
            i++;
            if (187==0) continue;
            System.out.println(i);//输出i并换行
        }
    }
}
```

【注意】本例中，如果把while循环体中修改循环变量i的语句放在continue语句的后面，则会导致死循环。

例3-12   输入一个字符串，分别统计其中大写字母、小写字母、数字以及其他字符的个数。大写字母的范围是'A'～'Z'，且其对应ASCII码的值是升序排列，可以用如下代码判断字符c是否为大写字母。

If(c>='A' && c<='Z') System.out.println(c+"是大写字母!");

数字字符'0'～'9'和小写字母'a'～'z'的ASCII码也是按升序排列的，判断方法同上。程序如下：

```java
import java.util.*;
    public class MyChar {
    public static void main (String[] args){
    intl] a=new int[4];
    int i;
    String strIn;
    char C;
    Scanner Reader=new Scanner (System.in);
    strIn=Reader.next();//输入字符串
    for (i=0;i<strIn.length();i++){
        C= strIn.charAt(i);
        if(c>='A'&&c<='z'){
            a[0]++;
            continue;
            }
        if (c>='a' && c<='z') {
            a[1]++;
            continue;
            }
        if(c>='0' && c<='9') {
            a[2]++;
            continue;
            }
            a[3]++;
        }
```

```
        System.out.printf("大写字母：&d，小写字母：&d，数字：&d其他：
    &d\n",a[0],a[1],a[2],a[3]);
        }
    }
```

程序定义了一个大小为4的用于计数的int数组，其中a[0]统计大写字母的个数，a[1]统计小写字母的个数，a[2]统计数字的个数，a[3]统计其他字符的个数。在for循环中，每次分析字符串与循环变量i对应的字符，字符通过调用String类的charAt(i)方法获取，依次判断字符的类型是不是大写字母、小写字母或数字，如果是，就令统计数组对应值增1，并调用continue 语句跳过后面的语句，进入下一次循环；否则说明该字符属于其他字符，令a[3]增1，进入下一次循环。

3.4.3 return语句

Java支持return跳转语句。这些语句把控制转移到程序的其他部分。

例3-13 计算长方形的面积。

```
public class Eg14{
    static double Area_rectangle( double c,double k){
        return c*k;
    }
    public static void main(String args[]) {
        double c1=20,c2=30,k1=40,k2=50;
        System.out.println("长方形1的面积为:"+Area_rectangle(c1,k1));
        System.out.println("长方形2的面积为:"+Area_rectangle(c2,k2));
    }
}
```

4　Java面向对象程序设计

面向对象程序设计OOP（Object Oriented Programming）是当前计算机领域最流行的程序设计方法。面向对象的程序设计方法按照现实世界的特点，把复杂的事物抽象为对象。对象具有自己的状态和行为，通过对消息的反应来完成一定的任务。所谓抽象就是从研究的现实世界事物中抽取与工作有关的、能反映事物性质的东西，把它用对象来进行描述。类又是对一组具有相同特性对象的抽象，若将类进行实例化与具体化，则会生成这个类中的一个个对象。Java是通过类来创建一个个对象，从而达到代码复用的目的。封装则是在描述对象时，把对象的数据和对这些数据进行处理的操作结合起来，形成对象的两大组成部分。封装使对象只表现出外部功能和特性，而内部的实现细节则不表现出来。Java的对象就是变量和方法的集合，其中变量表示这个对象的状态，方法实现这个对象所具有的行为。

4.1　面向对象程序设计方法概述

在现实世界中，任何事物都可以被看作是对象（Object），像汽车、房子、计算机、电磁波等，都是一种对象。所有这些对象都有两个共同的特点：一是它们都有自己的状态和属性，这些状态和属性可以用一些数据来表示，例如，一辆汽车有颜色属性、价钱、生产厂家、是否在行驶、行驶速度、油量等各项特征；另外，这些对象都允许有一系列的操作来改变状态，例如，汽车可以被"开动""刹车""转弯"等。面向对象的程序设计方法就是将对象作为程序设计的基础，把对象的状态和所允许的操作结合起来考虑，对现实生活中的对象进行抽象化和模型化，从而上升到程序设计语言中的对象。面向对象程序设计中的对象也有状态和操作，对象的状态通常用对象的域（Field）表示，对象允许的操作用方法（Method）来实现。因此面向对象程序设计中的对象实际上是由描述状态的域（即对象中的变量）和一系列方法所组成的。

不同的对象常常有相同的特征，例如，两个小轿车对象要考虑的状态都差不多，所允许进行的操作也类似，为此引入了类（Class）的概念。类是创建对象的模板，它定义了由它所创建的对象共同的属性和方法。由类创建对象称为对类进行实例化，这时的对象称为相应类的一个实例。

类和对象是面向对象程序设计的核心，不同于面向过程的设计方法，一个问题的求解过程可以看作是定义类和对象的过程。通过对问题的分析，先抽象出类的定义，再将类实例化成若干对象。属于同一类或不同类的对象通过自己的方法改变状态，并通过相互发送消息（Message）来实现对象之间的交互作用。最终通过对象的交互实现对问题的求解。

面向对象的程序设计为程序设计带来了一系列的革命，面向对象提供的继承机制（Inheritance）大大提高了程序代码的可重用性。通过继承，新的类可以继承已有类的变量和方法，新类可以加入新的域和方法来扩展类的功能，这就大大减轻了程序设计的工作量。事实上，我们在编写Java程序时，很多的类就是在Java提供的系统类上以继承的方式进行的扩展。另外，面向对象提供的封装机制提高了程序的可维护性，对象的实现对外界来说是不可见的，也就对其他的程序造成影响或被其他的程序所影响，同时封装也将错误限制在一个较确定的部分，易于发现和排除错误。方法重载和多态性提高了程序的可读性，降低了程序的复杂性。总之，使用面向对象的设计方法使得程序的分析更加合理，运行更加可靠，维护和重用更加方便。

4.2 类与抽象类

4.2.1 类

类是现实世界中实体的抽象集合，是封装了数据和其上操作的复杂的抽象数据类型，具有完整的功能和相对的独立性。Java中的类将数据和有关对数据的操作封装在一起，描述一组具有相同性质的对象。它封装的相同性质对象的属性及方法，是这些对象的原型。Java的类是组成Java程序的基本单位，因此编写Java程序的过程实际上就是编写类的过程。

4.2.1.1 类声明

例4-1 给出了一个简单HelloWorldApp类的定义。

HelloWorldApp.java

```
public class HelloWor1dApp{
    public static void main(String args[]) {
        System.out.println(HelloWorld);
    }
}
```

由例4-1可以看出，一个类在使用前必须要声明，类名HelloWorldApp后用大括号{}括起的部分为类体（Body）。

类声明定义的格式为

[类修饰符] class类名(extends 父类名] [implements接口名[,接口名]] {类体}

[语法说明]

（1）其中类修饰符用于指明类的性质，可缺省。

（2）关键字class指示定义类的名称，类名最好是唯一的。

（3）"extends父类名"通过指出所定义的类的父类名称来表明类间的继承关系，当缺省时意味着所定义的类为Object类的子类。

（4）"implements接口名"用来指出定义的类实现的接口名称。一个类可以同时实现多个接口。

（1）类头。类体定义了该类所有的成员变量和方法。通常变量在方法前进行定义，如下所示：

class 类名{

变量声明；

方法声明；

}

①父类名。跟在关键字extends后，表示当前类是已经存在的一个类（在类库、同一个程序或其他程序中定义好）的子类。

②接口名。跟在关键字implements后，说明当前类中实现了哪个接口定义的功能和方法。

③修饰符。说明类的特殊性质，主类必须是公共类。public修饰的一个类为公共类，说明它可以被其他的类所引用和使用。类声明中的关键字及其含义详见表4-1。

表4-1　类声明中的关键字及其含义

序号	关键字	含义	说明
1	public	被声明为public的类称为公共类，它可以被其他包中的类引用，否则只能在定义它的包中使用	在一个Java源文件中，最多只能有一个public类，不允许同时包含多个public类或接口
2	abstract	将类声明为抽象类。抽象类中只有方法的声明，没有方法的实现	包含抽象方法的类为抽象类，抽象方法在抽象类中不做具体实现，具体实现由子类完成
3	final	最终类，不能被其他类所继承	一个类不能同时既是抽象类又是最终类，即abstract和final不能同时没有子类出现
4	class	定义类的关键字	每个字母只能小写
5	extends	后接父类名，所定义类继承于指定父类	只能指定一个父类，Java支持单重继承，默认继承java.lang.Object类
6	implements	后接接口名，所定义的类将实现接口名表中指定的所有接口	可跟多个接口，实现多重继承

（2）类体。类体定义类的具体内容，包括类的属性与方法。

类的方法的作用：①围绕着类的属性进行各种操作；②与其他类或对象进行数据交流、消息传递等操作。

例4-2 定义一个学生类。

```
package chapter05;
public class StudentDemo {//定义主类
    public static void main(String[] args){
        Student stu=new Student();//创建学生类对象
        stu.setInfo("王华",true,19,45.5);//调用对象方法传递参数
        stu.getInfo();//调用对象方法显示输出
        class Student//学生类
        public static int iCounter=0;//保存学生总人数
        String stuName;//学生姓名
        boolean Sex;//学生性别
        int Age;//学生年龄
        double stuHeight;//学生身高
        public static void getCounter(){
            System.out.println("学生总数："++ iCounter);
            public void getInfo(){
                System.out.println("姓名："+stuName+"\t");
                if(Sex==false)
                    System.out.println("性别："+"女"+"\t");
                else
                    System.out.println("性别："+"男"+"\t");
                    System.out.println("年龄："+Age+"岁"+"\t");
                    System.out.println("体重："+stuHeight+"千克"+"\t");
                    public void setInfo (String n,boolean s,int a,double h){
                        stuName=n;
                        Sex=s;
                        Age=a;
                        stuHeight=h;
                        }
                }
            }
        }
}
```

程序运行结果为

姓名：王华

性别：男

年龄：19岁

体重：45.5千克

4.2.1.2 类之间的关系

类与类之间最常见的关系有三种：调用关系、包含关系、继承关系。

（1）调用关系。调用关系是类与类之间最常见的形式，因为对象封装了它的局部数据和方法，对于外界来说，只有通过调用才能得到它的数据或使用（间接）它的方法。例如，在上面的例子中，如果学生对象要选课，那么它必须将自己的信息加入相应课程的"花名册"中，但是课程的花名册数据对学生对象来说是不可见的，所以学生对象要调用课程对象的相应方法来处理。如果一个类对另一个类的对象进行了操作，那么这两个类的关系就是前者对后者的调用关系。

下面的两种情况都可以被认为是类class A调用类class B。

类class A的方法给类class B的对象发一条消息，或者类class A的方法创建、接收或返回了一个类class B的对象。

【注意】在面向对象程序设计中，类之间的调用不宜太多。减少类间调用的好处在于增强类的独立性，从而避免因为要调用的类发生变化或存在问题导致调用类也发生错误。

（2）包含关系。类之间的包含关系实际上是一种特殊的调用关系。所谓类A包含了类B，指的是类A的对象中包含了类B的对象。例如，在课程对象中有一个域是授课老师，它被说明为教师类，即在课程对象中包含了一个教师对象，显然，课程对象中应该有方法对教师对象进行操作，符合调用关系的定义，所以包含关系实质是一种特殊的调用关系。

（3）继承关系。继承关系的含义是特殊化和扩展（extends）。例如，必修课是课程的一个特殊情况，除了保持（继承）课程的属性和方法以外，它可能有一些特殊的方法和特殊的属性，例如，必修课对象要判断是否相关专业的所有学生都已经选择了这门课程，必修课程的开设和取消的条件与普通课程会有所不同，在学分计算上也有特殊的方法等。但是课程对象的其他属性和方法，如授课教师、课程名称、增加学生等对于必修课类型来说也是需要的。也就是说，必修课类型继承了课程类型的属性和方法，并在此基础上扩展了课程类型的属性和功能。

4.2.1.3 类的继承

继承性是面向对象程序设计语言的一个重要特征，通过继承可以实现代码的复用。Java语言中，所有的类都是直接或间接继承java.lang.Object类而得到的。被继承的类称为基类或父类，由继承而得到的类称为子类。基类包括所有直接或间接被继承的类。子类继承父类的属性和方法，同时可以修改继承过来的父类的属性和方法，并增加自己新的属性和方法，但Java不支持多重继承。例如，学生有小学生、中学生和大学生之分，抽取其共性可形成学生类；而其区别，又有小学生的兴趣爱好、中学生的学科分类、大学生的专业等。

4.2.1.4 类修饰符

类修饰符是用于指明类的性质的关键字。用户在自定义类时，指定不同的修饰符，就可以让类具备不同的存取权限。一个类总能访问和调用它自己定义的成员变量和方法，但在这个类之外的其他类能否访问和调用，除与类的修饰符有关外，还与类的成员变量和方法的控制符有关。基本的类修饰符有public、abstract和final三个。

（1）public修饰符。

如果一个类被声明为public（公共类），那么与它不在同一个包中的类也可以通过引用它所在的包来使用这个类，也就是说，在同一包中的类可自由取用此类，而别的包中的类也可通过import关键词来引入此类所属的包并加以运用。如果不被声明为public，这个类就只能被同一个包中的类使用。使用public修饰符的类有几个特性。

①一个程序里只能有一个类被修饰为public，否则编译会报错。

②若源程序文件中有用public修饰的类，则该源文件名必须同public类名。

③若程序中没有任何public类，则文件名可任取。

（2）默认修饰符。

如果一个类没有修饰符，就说明它具有默认的访问控制特性。默认修饰符的类只允许与类处于同一个包中的类访问和调用，而不允许被其他包中的类使用。

（3）abstract修饰符

如果一个类被声明为abstract，那么它是一个抽象的类，抽象类不需给出类中每个方法的完整实现。如果某个方法没有完整实现，必须要由子类的方法来覆盖，因此含有抽象型方法的类也必须声明为抽象的。为了把一个类声明为抽象的，只需在类定义的class关键词前放置关键词abstract。这些类不能直接用new操作符生成实例，因为它们的完整实现还没有定义。在类中不能定义抽象的构造函数或抽象的静态方法。被声明为abstract的抽象类往往包含有被声明为abstract的抽象方法，这些方法由它的非抽象子类完成实现细节。

abstract类有下列特性：

①一个抽象类里可以没有定义抽象方法。但只要类中有一个方法被声明为abstract，该类就必须为abstract。抽象类可以包含抽象方法（只给出定义的方法）。

②抽象类不能创建对象，只能用来派生子类。

③抽象类不能被实例化，即不能被new成一个实例对象。

④若一个子类继承一个抽象类，则子类需用覆盖的方式来实化该抽象超类中的抽象方法。

若没有完全实化所有的抽象方法，则子类仍是抽象的。

（4）final修饰符

如果一个类被声明为final，则意味着它不能再派生出新的子类，不能作为父类被继承。因此一个类不能既被声明为abstract，又被声明为final。final类是不能有子类的类，它可以避免盲目地继承，以提高系统的安全性。将一个类声明为final类可以提高系统安全性。例如，为了防止意外情况的发生，某些处理关键问题的信息类被说明为final类。另外，将一些具有固定作用的类说明为final类，可以保证调用这个类时所实现的功能正确无误。Java系统用来实现网络功能的InetAddress、Socket及ServerSocket等类都是final类，因为实现网络应用程序需要与服务器进行通信，对安全性要求比较高。

使用final类，就意味着不能继承并覆盖其内容。用两个修饰符public final的意思是：此final类可被import引用，但不能被继承。System类关系到系统级控制，为了安全性，故必须为final类，以避免被覆盖。

4.2.2 抽象类

一个类经过定义以后，可以实例化对象。对于有些类来说，使用它们去实例化对象并没有什么实际的意义。如动物类，动物类是泛指，而不指向某一个具体的类型，它既可以是狗，也可以是老虎，还可以是马，因此，用动物类去实例化一个对象，没有意义，这样的类可以使用抽象类来定义。

从继承层次由下向上看，类变得更通用也更抽象。例如，Animal比Dog、Cat、Pig都更抽象，甚至只具备概念上的意义，Animal类本身并不需要有其特定的实例对象，它是更高抽象层次的超类。这种只具有抽象意义的类，不需要具体实例化的类叫作抽象类。每一种Animal都用一个类来表示，所以Animal类只能用来表示一个子类。这种类就是抽象类。一个方法如果无法实现，那么这个方法就是抽象的。例如，Dog类、Cat类和Pig类，每个Animal都可以吃东西，所以有eat()方法。每一个不同的Animal吃的东西都不一样，所以Animal类的eat方法可以设置成抽象方法。

仅声明方法名称而不实现当中的逻辑，这样的方法称为抽象方法。如果一个类别中包括了抽象方法，则该类别称为抽象类。抽象类不能被用来生成对象，只能被子类继承，并于继承后完成未完成的抽象方法定义。

用abstract关键字来修饰一个类时，这个类叫作抽象类；用abstract修饰一个方法时，该方法叫作抽象方法。

4.2.2.1 抽象类的产生

举个简单的例子，如在图形领域中"形状"的概念，"形状"既可以指三角形，也可以指四边形，还可以指五边形，等等。"形状"这个概念在问题领域是不存在的，它是一个抽象的概念。因此，"形状"这个抽象的概念不能用来表示具体的对象，也就是说，形状这样的抽象类不能实例化对象。

我们通过定义狗和狼两个类来更加形象地说明抽象类的产生原因。为了简化问题，假设这两个对象都只定义一个"吼叫"的功能。

例4-3 定义狼和狗。

```java
class Dog {
    public void call() {//狗吼叫
```

```
                System.out.println("汪汪汪...");
        }
        }
    class Wolf{
        public void call() {//狼吼叫
                System.out.printin("嗷嗷嗷...");
        }
    }
```

这两个对象都有"吼叫"的功能，按照代码复用的思路来思考问题，这两个对象有相同的功能，可以利用继承的关系来实现代码重用。也就是说，一个类被当作父类，另一个类被当作子类。假设"狼"被当作父类，"狗"被当作子类，这样虽然可以实现代码的重用，但不符合继承的前提条件，即"狗"不是"狼"，它们不是属于的关系，所以这样做从功能上可以实现，但不符合现实的逻辑关系，反过来亦然。但是，这两个类之间的确又存在一种关系，把这样的关系称为兄弟关系。既然是兄弟关系，那就把这两个类中的共同成员进行抽取，定义一个共同的父类。

例4-4 抽取狼和狗的共同属性，定义父类。

```
class Animal {
        public void call(){ }//父类吼叫
        }
class Dog extends Animal{
        public void call(){//狗吼叫
                System.out.println("汪汪汪...");
        }
}
class Wolf extends Animal{
        public void call1(){//狼吼叫
                System.out.println("嗷嗷嗷...");
        }
        }
```

在例4-4中，抽取了Dog类和Wolf类的共同成员call()方法，定义了Animal类，call()是属于狼和狗共有的成员，在这个方法中既不能只有狼的叫声，也不能只有狗的叫声，所以这个方法虽然被定义，但没有具体的内容，这样的方法称为抽象方法。

4.2.2.2　抽象类的声明

下面是抽象方法声明时采用的语法：
abstract DataType methodName (paramterList);
下面是一个抽象类的定义：

```
abstract class.Animal {
    private.String name;
    private int age;
    public String getName() {
    return name;
    }
    public void setName(String name) {
     this.name=name;
    }
    public int getAge() {
     return age;
    }
    public void setAge(int age) {
     this.agerage;
    }
    public abstract void eat();
    public static void breath() {
     System.out.println("Animal is breathing");
    }
}
```

类名前有abstract关键字修饰，这表示动物类（Animal）是抽象的。方法eat()前，有abstract关键字修饰，这表示eat()方法是抽象的，此方法可以不实现。

含有抽象方法的类必须被声明为抽象类，抽象类必须被继承，抽象方法必须被重写。抽象类一般是一个基础的实现框架。抽象方法只需声明，而不需实现。

（1）非抽象类无法包含抽象方法，因为一个类如果有抽象的方法，那么类就一定是抽象类。

（2）抽象类可以包含非抽象方法。

（3）抽象类可以没有任何的抽象方法，只是类本身是抽象的。

（4）继承抽象类的类，可以实现超类中的所有方法，也可以不实现超类中的抽象方法。如果不实现，那么它本身就必须是抽象类。就算实现了抽象类中所有的方法，如果本类不想被实例化，依然可以被设置为抽象类。

Animal类：

```java
abstract class Animal {
private String name;
private int age;
public String getName() {
    return name;
}
public void setName(String name) {
    this.name=name;
}
public int getAge() {
    return age;
}
public void setAge(int age){
    this.age=age;
}
public Animal() {
}
public.Animal(String name,int age){
    this.name=name;
    this.age=age;
}
public abstract void eat();
public static void breath() {
    System.out.println("Animal is breathing");
```

```
        }
    }
```
Dog类：
```
public class Dog extends Animal {
    public void eat(){
System.out.println("Dog is eating");
    }
}
```

4.2.2.3 抽象类的定义

call()方法中没有具体的内容，这样的方法可以使用关键字abstraet来修饰，称为抽象方法。一个包含抽象方法的类，必定是抽象类，抽象类也使用关键字abstract 来进行修饰。抽象类的定义格式：

[权限修饰符] abstract class <类名>

{ //抽象方法

[权限修饰符] abstract <返回值类型><方法名>(参数列表);

//其他成员

}

抽象类除定义抽象方法外，还可以定义普通方法，当然，抽象类中也可以没有抽象方法。反之，如果一个类中包含有抽象方法，则这个类一定是抽象类。下面对例4-4按照抽象类进行改写。

例4-5 抽象类和抽象方法的定义。
```
abstract class Animal{
    public abstract void call();//定义抽象类
    }
     class Dog extends Animall
    public void call(){//狗吼叫
        System.out.println("汪汪汪...");
    }
     }
     class Wolf extends Animal {
```

```
public void cal1(){//狼吼叫
    System.out.println("嗷嗷嗷...");
    }
}
```

4.2.2.4　抽象类的使用

抽象类是抽取同一类事物的共同成员定义的新类，是这一类事物共同的父类。下面通过一个具体的例子介绍抽象类的定义及使用。

例4-6　抽象类的使用。

需求：某IT公司包含程序员和项目经理两类员工，其中，程序员包含有姓名、薪水、工作内容；项目经理也包含有姓名、薪水、工作内容，还有奖金。

要求：利用面向对象程序设计的思路对问题进行建模。

（1）需求分析：公司中有两个对象，一个是程序员，一个是项目经理。这两个对象是同一类事物，它们有共同的成员，即姓名、薪水、工作内容。把这些共同的内容进行抽取，形成一个新的类，这个类是程序员和项目经理的父类。为了简化问题，图4-1只对必要的成员进行了描述。

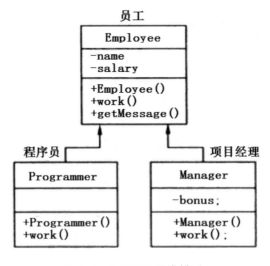

图4-1　公司员工需求模型

（2）代码设计：根据UML图中所列出的关系，设计代码如下。

```java
abstract class Employee{ //定义员工抽象类
    private String name;
    private double salary;
    public Employee(String name,double salary) {
        this.name=name;
        this.salary=salary;
    }
    public abstract void work();//定义抽象工作方法work()
        public String getMessage(){
            return "姓名:"+name+",薪水："+salary;
        }
    }
    class Programmer extends Employee {
        public Programmer(String name，double salary) {
            super (name,salary);
        }
        public void work() {//重写父类的work()抽象方法
            System.out.println("程序员正在编写程序...");
        }
    }
class Manager extends Employee {
    private double bonus;
    public Manager(String name,double salary,double bonus){
        super(name,salary);
        this.bonus=bonus;
    }
    public void work() {//重写父类的work()抽象方法
        System.out.println("项目经理正在制订计划...");
    }
    public String getMessage() { //重写了父类的非抽象方法getMessage ()
        return super.getMessage()+"，奖金: "+this.bonus;
```

```
        }
    }
public class Employee Demo {
    public static void main(String[] args) {
            Programmer pl=new Programmer("小强",3500.00);
            Programmer p2=new Programmer("小明",3600.00);
            Manager m=new Manager("旺财",5500.00,3000.00);
            p1.work();
            System.out.println("程序员的"+p1.getMessage());
            System.out.println("---------------------------");
            p2.work();
            System.out.println("程序员的"+p2.getMessage());
            System.out.println("-------------------------------");
            m. work();
            System.out.println("项目经理的"+m.getMessage());
        }
}
```

程序运行结果如图4-2所示。

程序员正在编写程序...
程序员的姓名：小强，薪水：3500.0

程序员正在编写程序...
程序员的姓名：小明，薪水：3600.0

项目经理正在制订计划...
项目经理的姓名：旺财，薪水：5500.0，奖金：3000.0

图4-2 程序例4-6的运行结果

4.3　多态性和方法的修饰符

4.3.1　多态性

多态（Polymorphism）一词来源于希腊语，原意指的是多种形式。面向对象程序设计引入了这样的概念，指的是一个程序通过多个同名的方法共存的情况。多态分为编译时多态和运行时多态。编译时多态通过方法重载（Overload）实现，运行时多态通过方法重写（Override）实现。这里主要讲的是运行时多态。

在继承关系中，有一个特殊的现象，即父类的引用可以指向子类的对象，或者说，可以实例化一个子类的对象，然后把这个对象赋值给父类引用。例如，下列语句可以实现子类的对象给父类的引用赋值的目的。

Father f;

Son s=new Son();

f=s;

上面的代码段定义了父类引用f，但是f的初始值默认为null，也就是没有指向任何对象。之后上面的代码段定义了子类的引用，并实例化了Son类对象，让s指向这个实例化对象。通过赋值语句，把s的引用赋值给父类的引用f，让父类引用f指向子类的对象，这就是多态。下面通过一段简单的程序来说明这样做的可行性。

例4-7　多态的实现。

```
class Father {
    public void show() {
        System.out.println("这是[父类]的成员方法...");
    }
}
class Son extends Father {
    public void show() {//子类重写父类的show()方法
        System.out.println("这是[子类]的成员方法...");
    }
```

```
}
public class PolymoDemo {
    public static void main(String[] args) {
        Father f;
        Son s=new Son();
        f=s;//子类对象赋值给父类的引用
        f.show();
    }
}
```

程序运行结果如图4-3所示，从结果来看，程序中的父类引用指向了子类实例化对象，因为它调用的方法show()的运行结果是子类的输出。

```
这是【子类】的成员方法...
```

图4-3　例4-7程序运行结果

多态性的实现有两个前提：

（1）必须有继承关系。

（2）必须有重写。

多态的实质是数据类型的上转型。子类和它的父类属于同一种数据类型，子类的类型低于父类的类型，所以在进行赋值的过程中，实际上实现了数据类型的自动上转型。

多态性最大的好处是提高了程序的扩展性，对方法的形参来说，统一了参数。

例4-8　多态的应用。

```
abstract class Animal {
    public abstract void call();
}
class Dog extends Animal {
    public void call(){
        System.out.printin("汪汪汪...");
    }
}
```

```java
class Wolf extends Animal {
    public void call() {
        System.out.println("嗷嗷嗷...");
    }
}
public class Poly Animal Demo {
    public static void main(String[] args) {
        Dog d=new Dog();
        Wolf w=new Wolf();
        whoIsCall(d);//实参为Dog对象
        System.out.println("------------------------");
        whoIsCall(w);//实参为Wolf对象
    }
    public static void whoIsCall(Animal animal) { //形参为Animal对象
        animal.call();
    }
}
```

从例4-8的源代码来看，在Poly Animal Demo类中定义了一个whoIsCall()方法，这个方法的形参类型为Animal类型，并且在该方法的内部通过形参对象Animal调用了call()方法。在main()方法中调用了wholsCall()方法，实参的类型分别为Dog类型和Wolf类型。程序运行结果如图4-4所示。不管实参的类型是什么类型，在形参中都可以使用这些类型的父类来统一参数类型，提高了程序的扩展性，否则需要根据不同的形参分别设计不同的方法。

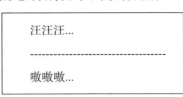

图4-4　程序例4-8的运行结果

从程序的运行结果来看，虽然实参上转型为它的父类型，但是在调用被重写的方法时，运行的是子类重写过的方法。因此，输出结果分别为Dog类中的"汪汪汪..."和Wolf类中的"嗷嗷嗷..."。

在实现多态的时候，通过父类引用操作子类的对象时，只能使用父类自己的方法，不能操作子类特有的方法，这是多态的弊端。如果父类的引用要操作子类特有的方法，则需要进行下转型。下转型是强制类型转型。

例4-9　对象的下转型。

```java
abstract class Animal {
    public abstract void call();
    }
class Dog extends Animal {
    private String name;
    public Dog(String name) {
        this.name=name;
    }
    public void call(){
        System.out.println("汪汪汪...");
    }
    public void show(){ //子类Dog特有的方法
        System.out.println("狗的类型："+this.name);
    }
}
class Wolf extends Animal {
    public void call(){
        System.out.println("嗷嗷嗷...");
    }
}
public class PolyAnimalDemo {
    public static void main(String[] args) {
        Dog d=new Dog("京巴");
        Wolf w=new Wolf();
        whoIsCall(d);//形参为Dog对象
        System.out.println("-------------------------------------");
        whoIsCall(w);//形参为Wolf对象
    }
```

```
public static void whoIsCall(Animal animal) { //实参为Animal对象
    animal.call();
    //animal.show();//父类引用不用操作子类特有的方法
    if (animal instanceof Dog){ //如果要操作子类特有方法
        Dog d=(Dog) animal;
    //则需要进行下转型，下转型前判断类型是否符合要求
        d.show();//下转型后调用子类Dog特有的方法show()
    }
}
}
```

程序的运行结果如图4-5所示，说明父类型要转换为子类型，需要使用强制类型转换。

图4-5　例4-9程序运行结果

将父类型强制转换成子类型之前，必须先使用instanceof关键字判断父类型所特有的引用是否与子类型一致，如果不进行判断，在运行时就会产生异常信息。图4-6是把例4-9中的whoIsCall()方法内的if语句删除以后，在运行时产生的异常信息。

```
汪汪汪...
狗的类型：京巴
-------------------------------------------------
嗷嗷嗷...
Exception in thread "main" java.lang.ClassCastException:Wolf cannot be cast to Dog
    at PolyAnimalDemo.whoIsCall(PolyAnimalDemo.Java:32)
    at PolyAnimalDemo.main(PolyAnimalDemo.Java:27)
```

图4-6　不判断类型的一致性产生的运行异常

产生了ClassCastException异常，原因是"Wolf cannot be cast to Dog"，说明Wolf类型不能转换成Dog类型，这种异常称为类型转换异常。

4.3.2　方法修饰符

方法修饰符（Method Modifiers）大部分的种类及意义与变量修饰符一样，不同的是多了存在性的abstract以及动作性修饰符synchronized。由于存取性修饰符public、protected 和private与变量修饰符的功能类似，这里只讨论存在性修饰符static、abstract、final和动作性修饰符synchronized。

4.3.2.1　修饰符的种类及意义

大部分方法修饰符的种类及意义与成员变量修饰符一样，只不过前者多了一种存在修饰符abstract以及多线程使用的操作性修饰符synchronized。

访问控制修饰符：public、protected、private

存在修饰符：static、abstract、final

操作修饰符：synchronized

（1）方法控制修饰符。方法控制修饰符与成员变量修饰符一样，这里不再赘述。

（2）方法存在修饰符。

static：此修饰符会使方法唯一，并使其处于与类同等的地位，而不会因实例的产生受到影响。

static方法在使用上应注意以下事项：

①只能使用static变量，否则会使编译出错。

②一个类中的static方法，可直接用该类的名称来访问。

abstract：抽象方法存在于抽象类中，并不编写程序代码，留给继承的子类来覆盖。声明抽象方法时，大括号里的内容为空。

final：此修饰符修饰的方法不能被其他类更改程序内容，即使是继承的子类也不能。

（3）方法操作修饰符。

synchronized：用于多线程同步处理。被synchronized修饰的方法，一次只能被一个线程使用，只有该线程使用完毕，才可以被其他线程使用。

4.3.2.2 修饰符的混合使用

大多数情况下，修饰符是可以混合使用的，例如，类的三个修饰符public、final和abstract之间并不互斥。

一个公共类可以是抽象的，例如：

public abstract class transportmeans...

一个公共类也可以是final的，例如：

public final class Socket...

但是需要注意的是，一个抽象类不能同时被final修饰符所限定，即abstract和final不能共存。因为抽象类没有自己的对象，其中的抽象方法也要到子类中才能具体实现，所以被定义为abstract的类通常都应该有子类；而final修饰符则规定当前类不能有子类，二者显然是矛盾的。

4.3.2.3 常用修饰符

（1）static修饰符。

静态方法即类方法，是用static修饰的方法，它是属于整个类的，也就相当于非面向对象语言中的全局方法、函数，所以静态方法不能处理属于某个对象的成员变量，只能处理静态变量。使用时要特别注意静态方法，即只能使用静态变量与静态方法，也就是只能使用static修饰的变量与方法，而不能使用其余的实例变量。如果要使用，只能用[对象].[数据]的方式。静态方法在内存中的代码是随着类的定义而分配和装载的，不属于任何对象，应直接用类名做前缀来调用静态方法。

此修饰符会使方法成为唯一，与类相同，不会因实例的产生而受影响。static方法在使用上，注意以下几点。

①static方法只能使用static变量，否则编译会出错。像在main()里，方法通常是用public static来修饰的，所以只能用static的变量。

②一个类的static变量与static方法，可直接用该类的名称，按下面方法来取用。

[类名称].[静态方法]

[类名称].[静态变量]

[类名称].[静态变量].[静态方法]

例如：

color=Color.blue;

String password= System. getProperty("user.password");

System.out.println();

（2）abstract修饰符。

抽象方法存在于抽象类中，并不建立程序代码，而是留给继承的子类来覆盖。被声明为abstract的方法不需要实际的方法体，只需提供方法原型接口，即给出方法的名称、返回值类型和参数表，格式如下：

abstract返回值类型方法名(参数表);

即声明抽象方法时，并不用写出大括号{}。定义了abstract抽象方法的类必须被声明为abstract的抽象类。

（3）final修饰符。

被声明为final的方法不能被其他类变更方法里的内容，即使是继承的子类。

（4）synchronized修饰符。

此方法修饰符用于同步化监控处理。被synchronized修饰的方法，一次只能被一个线程来使用，就好像一台PC机，虽然有很多人会操作电脑，但同时只能有一个人可以使用，必须等待计算机有空闲时，另一位才能使用。

4.4　this 的 用 法

this是Java中一个重要的关键字，它代表对当前对象的一个引用，也即被调用的方法或构造器所隶属的对象。使用this关键字，可以在实例方法或构造方法中引用当前对象的成员变量或成员方法。必须注意的是，this关键字不能出现在类方法中，这是因为在调用类方法的时候，对象实例可能还不存在，this引用可能为空。

4.4.1 在实例方法中使用this

前面的章节已经讨论过，在类的实例方法中可以访问类的成员变量。实际上，完整的在实例方法中访问成员变量的格式为

this.成员变量名

在不引起混淆的前提下，我们直接通过实例成员变量名就可以在实例方法中访问它们。但是在一个实例方法中，可能存在与实例成员变量同名的局部变量和参数，在这个时候，必须显式地使用this关键字访问实例成员变量，避免二义性。

例4-10 在实例方法中使用this的例子。在这个例子里面，类ThisTest有两个私有成员变量x和y，它提供了一个为成员变量x和y赋值的方法setValues。但是由于这个方法的两个参数x和y与对应的成员变量同名，在这个方法的作用域里面，成员变量x和y被对应的参数所覆盖。因此必须显式使用this关键字来访问它们。

```java
public class ThisTest{
    private int x;
    private int y;
    public void setValues(int x,int y){
        this.x=x;
        this.y=y;
    }
    public void outputValues(){
        System.out.print("x=%d, y=t%d\n",x,y);
    }
    public static void main(String[] args){
        ThisTest tt=new ThisTest();
        t.scetValues(5,6);
        tt.outputValues();
    }
}
```

4.4.2   在构造方法中使用this

在构造方法中，与在类的实例方法中一样，我们可以通过this关键字显式地访问成员变量，以避免二义性。但是在构造方法中，this 关键字还有另外一个用途，就是可以使用this关键字调用同一个类中的另一个构造方法。但是必须注意的是，如果在构造方法中使用this 关键字调用其他的构造方法，则这个语句必须放在构造方法实现语句中的第一行。

例4-11   在构造方法中使用 this的例子。在这个例子里面，Rectangle类刻画了一个矩形。成员变量x和y代表这个矩形的左上角坐标，width和height代表矩形的宽和高。它有两个构造方法。第一个构造方法接受四个参数，分别为x、y、width和height赋初值。由于这个方法的四个参数和对应的成员变量同名，因此在里面必须显式地使用this关键字访问成员变量。第二个构造方法接受两个参数，分别为width和height 赋初值。左上角坐标取默认值(0,0)。因此在这个构造方法里面，我们通过this(0,0,width,height)直接调用第一个构造方法，完成初始化任务。

```java
public class Rectangle{
    private int x,y;
    private int width,height;
    Rectangle(int x,int y,int width,int height){
        this.x=x;
        this.y=y;
        this.width=width;
        this.height=height;
        System.out.pintf("x=%d, y=%d, width=%d, height=%dn",this.x,this.y,this.width,this.height;
    }
    Rectangle(int width,int heigh){
        this(0,0,width,height);
    }
    public static void main(StringD args){
        Rectangle r=new Rectangle(100,200);
    }
}
```

4.5 类的对象

面向对象的程序设计是通过为数据和代码建立分块的内存区域来提供对程序进行模块化的一种程序设计方法，这些模块可以被用作样板，在需要的时候建立其拷贝。

首先，按照这个定义，对象是计算机内存中的一块区域，通过将内存分块，每个模块即对象在功能上相互之间保持独立。另外，定义也表明，这些内存块不但存储数据，而且也存储代码，这对于保证对象受到保护这一点是非常重要的，只有局部于对象中的代码才可以访问存储在这个对象中的数据，这清楚地限定了对象所具有的功能（即一个对象在程序中所起到的作用），并使对象保护它自己不受非局部于（即外部于）它的事件的影响，而使它们的数据和功能遭到破坏。

在面向对象程序设计中，对一个对象应该考虑三个方面的问题。

·对象允许哪些操作：对象的方法；

·对象的状态：对象的域及其取值；

·对象的表示：对象变量的名称。

因为一个对象总是某个类的实例，同一个类的所有实例都拥有相同的方法，这些方法通过参数和返回值与外界（其他的对象）进行交互。

其次，对象作为类的实例，对于类中所定义的类变量应该赋予一定的值，这些类变量在对象中称为对象的域。域的不同值标志着对象的不同状态，通常外界对象发来的消息调用对象的方法，使得对象的值发生改变。注意，对象以外的事件只有通过调用对象的方法才能够改变对象的状态。

最后，和普通变量一样，对象也必须有一个标识，即一个合法的名称，通过这个名称才可以引用对象。每一个对象必须有一个唯一的名称，即便是同一个类的两个实例，它们的名称必须不同。例如，car是一个类，它有两个实例，分别命名为santana和citron。再回到面向对象程序设计的定义，这个定义还表明，为数据和代码建立的分块内存区域结构可以被用作样板产生对象的更多复本（copy）。为此，我们可以为一类有共同特点的对象定义一个样板，这个样板就是"类"。类要定义类所使用的变量，这些变量在对象中就是对象的域，还要定义类所允许的方法，所有的类实例都拥有这些方法。类可以被理解成一种模板，而对象是由这种模板创建的一个实体。

理论上，实例化类的时候，类将会把它的所有成员，包括类变量、类方法都复制一份来创建对象。每个对象占据内存中的不同区域，它们所保存的数据不同，但操作数据的代码是一样的，显而易见，给类的每一个对象都复制一份方法是没有必要的，这将会占用过多的空间。在编译器实际建立对象时，往往只分配用于保存数据的内存，代码为每个对象所共享，类中定义的代码被放在内存中的一个公用区中供该类的所有对象共享。这只是编译器实现对象的一种方法，在理解面向对象程序设计的过程中，最好还是把对象理解成为由数据和类方法代码所组成的一个整体。

在Java语言中，类只有实例化，即生成对象后才能被使用。一个对象的使用分为3个阶段：对象的创建、使用和销毁。

4.5.1　创建类的对象

（1）创建类Student的对象。学生类已经建立，但类是一个抽象的概念。在一个班级，老师不能提这样的问题：学生的姓名是什么?学号是多少?学生并不具体指代某一位学生。要在程序中使用学生类，仅有声明是不够的。必须将类Student实例化，即新建一个或多个学生对象，才能代表具体的学生。创建对象可以先声明对象Stu1为Student类，再通过new关键字创建这个对象。

Student Stu1;

Stu1= new Student();

这两个步骤也可以一步完成。

Student Stu2=new Student();

对象的创建和变量的定义非常类似，即

int i;i=1

或者

int i=1;

定义一个整型变量i并赋予初值1，与对象Stu1、Stu2的创建十分相似。所不同的在于int是一个简单数据类型，而Student是一个复合数据类型。

（2）创建对象的通用格式。创建对象便是为对象分配内存，对象便是类的实例。创建对象也经常被称为类的实例化。创建对象的通用格式如下：

类名 对象名;

对象名=new类名( );

或者

类名 对象名=new类名();

4.5.2　对象的使用

对象的使用包括使用对象的成员变量和成员方法，通过运算符"."可以实现对成员变量的访问和对成员方法的调用。

访问对象的成员变量的格式为

对象名.成员变量名;

对象名表示一个已经存在的对象。

访问对象的成员方法的格式为

对象名.成员方法名(参数列表);

创建简单数据类型的变量和创建某类的对象在根本思想上是一致的；创建变量是以某一个数据类型为模板的，这个数据类型上有哪些操作，新建的变量就可以做哪些操作；创建对象是以某个类为模板的，所创建的对象具有这个类所定义的属性和方法。

（1）使用对象。创建一个主类来测试学生类，在刚才的输入Student类代码的文本文件中，继续输入以下代码。

```
class Student
{
    ......
}
public class StuTest
{
    public static void main(String[] args)
    {
    Student Stu1=new Student();
    Student Stu2=new Student();
```

```
        Stu1.setStu("李磊","2010050216",'M',20);//为对象的成员变量赋值
        Stu2. setStu("张莉","2010050108",'F',19);
    system.out.println(Stu1.name+"同学的学号为"+stu1.no);//调用成员变量
        Stu2.selfIntro();//调用成员方法
        }
    }
```

这段代码和前面单元的程序差异不大。在main()方法中，首先创建了两个Student类的实例Stu1和Stu2；调用了对象Stu1和Stu2的setStu()方法，将参数赋值给对象的成员变量；其次通过访问成员变量输出了对象Stu1的姓名和学号；最后调用了对象Stu2的selfIntro()方法，输出了其自我介绍文本。

程序通过操作符"."对某对象的成员变量进行访问或者对成员方法进行调用。一般形式为

对象名.成员变量

对象名.成员方法(参数列表)

程序运行结果：

李磊同学的学号为2010050213

我是张莉

我的学号是2010050108

我是女孩

我今年19岁

从结果显然可以看出，对象Stu1仅通过单独调用成员变量，输出了姓名和学号；而对象Stu2则直接调用自我介绍的成员方法，输出了完整的个人信息。

4.5.3 对象的比较

对象我们也可以称之为"类类型的变量"，它属于非基本类型的变量。实际上，对象是一种引用型变量，引用型变量保存的值是对象在堆内的首地址。通过对象的比较，我们更进一步理解对象的深刻内涵。

以圆柱体类Cylinder的对象为参数进行方法调用，说明对象的比较。

class Cylinder

```
{
        private static double pi=3.14;
        private double radius;
        private int height;
        public Cylinder(double r,int h)//有参构造函数，初始化成员变量
        {
                radius=r;
                height=h;
        }
    public void compare(Cylinder v)//实现对象比较的成员方法，参数为对象
    {
        if(this==v)//判断this和v是否指向同一对象
        system.out.println("这两个对象相等");
        else
        system.out.println("这两个对象不相等");
    }
    }
    public class objectCom  //主类创建对象
    {
        public static void main(String[] args)
    {
    Cylinder v1=new cylinder(2,0,3);
    Cylinder v2=new cylinder(2,0,3);
    Cylinder v3=v1;//v1和v3指向了内存中的同一对象
    v1.compare(v2);//调用compare()方法，比较v1和v2
    v1.compare(v3);//调用compare()方法，比较v1和v3
    }
}
```

程序运行结果：

这两个对象不相等

这两个对象相等

程序说明：该程序13行的this表示调用该方法的对象。从主类的第24~25行

可以看出，程序用new运算符创建了对象v1和v2，从表面上看，两次调用构造函数的两个实参都一样，好像两个对象也应该一样。实际上，v1和v2对象是内存中的两个独立对象，因为是分别创建，所以在内存中就有两个不同的首地址，首地址不同，意味着对象v1和v2的值也是不同的，所以对象v1和对象v2是不相等的；而对象v1和v3也不同，它们指向同一个对象在内存中的首地址，拥有相等的值，所以是相等的两个对象。

4.5.4   匿名对象

当一个对象被创建之后，我们在调用该对象的成员方法时，也可以不定义对象的名称，而直接调用这个对象的方法，这样的对象叫作匿名对象。比如：

Person p1=new Person();

p= ew Person();

p.speak();

改写成new Person().speak();

改写后的语句没有产生任何对象名称，而直接用new关键字创建了Person类的对象并直接调用它的speak()方法，得出的结果和改写之前是一样的。这个方法执行完，这个匿名对象也就变成了垃圾。

使用匿名对象有两种情况。

（1）如果对一个对象只需要一次方法调用，那么就可以使用匿名对象。

（2）将匿名对象作为实参传递给一个方法调用，比如程序中有一个getSomeOne方法，要接受一个作为参数的Person类对象，函数定义如下：

public void getSomeOne(Person P)

{

　　　......

}

可以用下面的语句调用这个方法：

getSomeOne(new Person());

4.5.5 对象的内存分配与释放

使用new运算符创建对象便为对象动态地分配了内存空间。

Java语言将数据类型分为简单型和复合型。在前面章节中，我们学习了简单数据类型。它们在内存中采用直接访问的存储形式。

（1）简单数据类型的内存模型。

以下代码

int i=1,j=2;

i=j;j=1;

定义了两个整型变量，并做了赋值的变换。它们在内存中的存储情况如图4-7所示。变量i和j都有独立的内存空间，存储的也直接是数据。

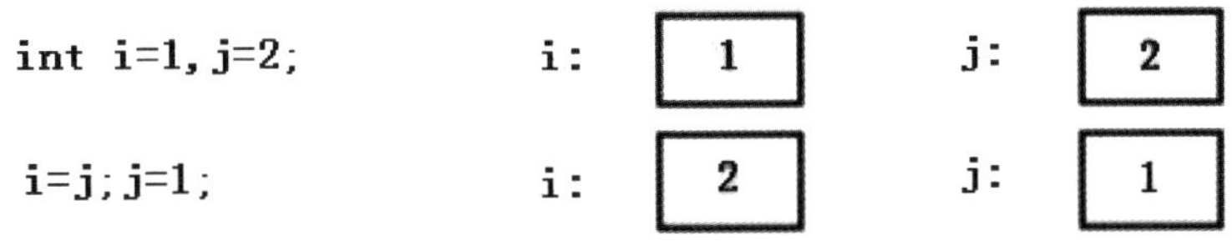

```
int i=1, j=2;        i:  [ 1 ]    j:  [ 2 ]

i=j; j=1;            i:  [ 2 ]    j:  [ 1 ]
```

图4-7 简单数据类型的内存模型

任何类都是复合数据类型，通过new运算符为对象分配了内存空间，返回的就是空间的地址。这就是一种间接访问的存储形式。

（2）复合数据类型的内存模型。

建立类Test如下：

```
class Test {
    int i,j;
    Test(int x,int y){i=x,j=y};
}
```

仅声明对象t1为Test类型，即

Test t1;

这里并没有为其分配内存空间。只有使用new创建对象之后，即

t1=new(1+2)

内存中才划分了空间存储i和j，而对象t1中存放的只是实例的内存地址。

具体的内存模型如图4-8所示。

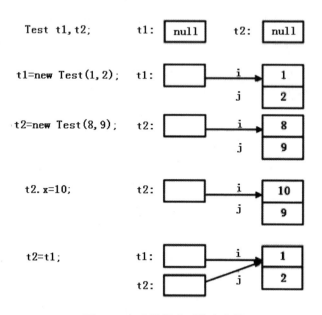

图4-8　复合数据类型的内存模型

对象的清除是指释放对象占用的内存。在Java语言中，定义对象时，通过new为其分配内存，但对象使用完后内存的释放工作则是由系统自动完成的，不需要程序员的关注。这就是Java所谓的"自动垃圾收集"机制。当一个对象的引用不存在时，则该对象被认为是不再需要的，它所占用的内存就被系统回收。

比起在C++中需要手工地释放动态分配的对象的内存，自动垃圾回收机制给编程带来了巨大的方便。因此对于编写的大多数程序，我们不必考虑垃圾回收问题。在一些特殊的情况下，我们也可以使用finalize()方法手动回收垃圾。

4.5.6　对象的销毁

Java语言拥有一套完整的对象垃圾回收机制，即程序开发人员不需要手工地回收废弃的对象，垃圾回收器将回收无用对象所占用的内存资源。在Java中，共有三种方法可以用来解决对象回收的问题。

（1）垃圾回收器。垃圾回收器是Java平台中使用最频繁的一种对象销毁方法。垃圾回收器会全程侦测Java应用程序的运行情况，当有些对象成为垃圾时（程序执行到对象的作用域之外或把对象的引用赋值为null），垃圾回收器就会销毁这些对象，并释放被这些对象所占用的内存空间。

（2）finalize方法。Java语言提供了一种finalize方法，这是一种Object类的方法，通过这种方法可以显式地让系统回收这个对象。通常情况下，这种方法被声明为protected。

（3）利用System.get方法强制启动垃圾回收器

垃圾回收器其实是自动启动的，也就是说，垃圾回收机制会自动监测垃圾对象，并在适当的时候启动垃圾回收器来销毁对象并释放内存。为此，有时候需要使用System.get方法，利用代码来强制启动垃圾回收器，从而销毁对象。

4.6　软　件　包

在Java语言中，程序都被组织成一系列的包，每个包有自己的名字空间，因此可以有效地防止命名冲突的问题。标准的Java包具有一个层次结构。它的成员包括类（Class）、接口（Interface）、子包（Subpackage），子包里面又可以包含类、接口、子包，因此Java包的层次结构是一个可以嵌套的结构。

因为Java包的组织具有层次结构，它的命名也是按照这个层次结构的方式来命名的。比如有一个包com.example.mypackage，这个包里面的一个类的名字叫MyClass，那么这个类的完整限定名（full qualfied name）就应该是com.example.mypackage.MyClass。接口和子包也是如此。因此，在同一个包里面不能有两个成员的名字相同，否则编译器就会报错，比如不能在com.example.mypackage这个包下面再定义一个叫MyClass的类，也不能定义一个叫Myelass的接口。因为如果按照这样的名字命名，那么，这个类和接口就有一样的限定名了。但是如果在不同的包中，那么成员同名是没有问题的。比如有一个叫com.example.test的包，在这个包下定义一个叫MyClass的类，不会有任何问题。即使代码里面同时使用了包com. exmaple.mypackage和包com. example.test，这两个包里面的类MyClass也不会发生冲突。

在编程工作中，我们可能经常会使用其他程序员提供的类和接口。很有可能出现这样的情况：我们使用的两个类或接口具有同样的名字。比如说，程序员A和B分别向我们提供了他们编写的同名类Car，程序员A和B各自的Car都具有它们不可替代的特点，所以我们必须同时使用这两个类。但是Java不允许在同一个虚拟环境中使用两个同名类。由于程序员A和B的Car类都是早就封装好的，并且已经用于很多场合，所以我们不能要求他们更改自己类的名字。那该怎么办呢?Java已经为我们提供了一种解决方案，那就是包的机制。

在Java中，把一组相关的类和接口放在同一个包里面，以便程序员查找使用类和接口、避免命名冲突和实现访问控制。比如，我们常用的基础类都放在java.lang包中，而与输入输出相关的类都放在java.io中。我们也可以把自己创建的类放在某个特定的包中。比如在刚才的例子中，程序员A的类都放在PA包中，而程序员B的类都放在PB包中，那么PA.Car和PB.Car就能够区分两位程序员所创建的Car类。像PA.Car这样的类名写法叫作一个类的完全限定名。我们前面曾经用过的用于接收用户输入的Scanner类，它的完全限定名就是java.util.Scanner。包是一种很有效地避免命名冲突的机制。但要让这种机制起作用，我们还需要保证不同程序员或机构将他们所编写的类放在不同的包中。因此命名一个包要遵循一定的惯例。

在Java中，包的命名遵循如下的惯例。

（1）使用小写字母命名包，以避免和类名或接口名发生冲突。

（2）一家机构以它的因特网域名的方向顺序形式作为它所创建的包的名称。比如深圳大学计算机与软件学院的域名是csse.szu.edu.cn，则深圳大学计算机与软件学院学生所创建的类和接口应该放在限定名为cn.edu.szu.csse的包中。

（3）Java语言本身的包以java或javax作为开头。

包是Java采用的树结构文件系统的组织方式，可把包含类代码的文件组织起来，使其便于查找和使用。包不仅能包含类和接口，还能包含其他包，形成多层次的包空间。包有助于避免命名冲突、形成层次命名空间，从而缩小了名称冲突的范围，易于管理名称。

4.6.1 包的创建

要创建一个包，首先我们要按照包的命名惯例为包选择一个名字，然后把带有包名字的package语句放在这个包里面的所有的类和接口的源文件的开头位置。需要注意的是，package语句必须放在源文件的第一行，且每个源文件只能有一个package语句。当编写一个类或接口的源代码时，我们也可以不使用package 语句，这个时候，所编写的类或接口就包含在未命名的包中。一般来说，未命名的包只用在临时的应用程序开发中，如果是编写大型应用软件，则应该为每一个类和接口都分配一个命名包。

例4-12 创建包的例子。

在这个例子里面，我们创建了一个公共类PackageTest，这个公共类将放在包cn.edu.szu.csse中。值得注意的是，如果我们使用了包语句，那么在编译后生成的字节码文件必须放在如下的目录结构中：cnledulszu\csse。比如在这个例子里面，我们可以将编译后生成的字节码文件PackageTest.class 放在对应的目录结构c:\codeslchapter3\3.13\cnledu\szulcsse中。运行时，必须跳转到包名所对应的目录结构的上一级目录中，也即C:\codeslchapter3\3.13中，执行字节码文件。在执行字节码文件时必须给出完整的限定名，也即java cn.edu.szu.csse.PackageTest。

```java
package cn.edu.szu.csse;
public class PackageTest{
    public void test(){
        System.out.printIn( "This is class PackageTest!");
    }
    public static void main(String[] args){
        PackageTest pt new PackageTest();
        pt.test();
    }
}
```

在Java程序中，package 语句必须是程序的第一个非注释、非空白行、行首无空格的语句，它用来说明类和接口所属的包。

创建包的一般语法格式为

package包名

关键字package的后面是包名，包名由小写字母组成，不同层次的包名之间采用"."分隔。上述语句用来创建一个具有指定名字的包，当前.java文件中的所有类都被放在这个包中。例如，创建包的语句为

package com. chapter05;//对应的文件夹为comlchapter05

其中，package为关键字，com.chapter05为包名，语句以分号结尾。

若源文件中未使用package，则该源文件中的接口和类位于Java的默认包中。在默认包中，类之间可以相互使用public、protected default 的数据成员和成员函数，但默认包中的类不能被其他包中的类引用。

当编译一个Java源文件时，系统会给源文件中的每一个类生成一个字节码文件，不同的源文件中可能存在同名的类，给运行程序带来意想不到的后果。为了解决这个问题，Java中引入了"包"机制。

Java源文件编译以后生成的字节码文件，默认存放在与源文件相同位置的目录中，且字节码文件名与类名相同。引入包之后，字节码文件可以存放到包中。包在操作系统中的体现就是文件夹，其作用如下：

（1）解决字节码文件命名冲突，允许不同的包存在相同的字节码文件。

（2）对字节码文件进行归类管理，方便维护，同一个开发项目中的文件可以存放在同一个包中。

包的命名规范符合Java中标识符的命名规范，一般情况下包名全部使用小写字母，它的格式与网络命名格式相仿。例如，lztd.info 这个包在系统中表现为lztd文件夹下有一个子文件夹info。

包的定义使用关键字package，定义格式如下：

package <包的名称>;

包的定义语句必须是程序的第一条语句，它的前面只能有注释。一个源文件只能定义一个包。

下面的代码段表示定义一个包：

package lztd.info;

class A {}

class B{}

代码段定义了名为lztd.info的包，也就是说，在某个文件夹下存在Lztd的子文件夹，在Lztd子文件夹中还有info子文件夹。编译以后的类A、B的字节码文件存放在info子文件夹中。在编译源文件时，要指定字节码文件存放的位置，使用命令：

javac -d <指定存放目录> <源文件>

这个目录与包名所代表的含义要相同，且必须先创建好文件夹，否则编译无法通过。

下面通过一个简单的例子来说明包的创建过程，输出"Hello world"。

例4-13 包的定义。

```
package lztd. info;//定义包，源文件编译以后有所属空间
class A {//定义类A
public void show() {
    System.out.println("Hello world!");
    }
}
public class PackageDemo//定义类Package
{
    public static void main(String[] args)
    {
        A a=new A();
        a.show();
    }
}//编译以后的字节码文件有两个：A.class，PackageDemo.class。
```

这个源文件的第一条语句是定义包，包名为lztd.info。源文件可以存放在任意位置，编译时的当前位置也可以是任意位置。假设源文件存放在d\javalcouser\package目录中，按照下列步骤完成源文件的编译。

（1）创建包存放的目录D: Example。

（2）包名为lztd.info，需要在Example中创建子目录lztd，在lztd子目录中创建info子目录。

（3）字节码文件需要存放在自己的空间，也就是由包名称规定的文件夹中，例4-13中的包名为lztd.info，所以这个文件的字节码文件要存放在info子文件夹中。把字节码文件存放在指定位置，需要使用命令

D:\>javac -d.d:\Example d:\javalcouser\Package\PackageDemo.java

该命令表示将存放在"d:javalcouser\package"中的源文件编译成字节码文件，字节码文件存放在包所在的目录D: Example中。编译以后，我们可以看到在文件夹info中有两个字节码文件。

如果当前位置与包存放的位置相同，可以使用"."表示当前目录，编译的命令格式如下：

D:\Example>javac -d d:\java couser\Package\PackageDemo.java

至此，字节码文件编译完成。要运行文件，需要在字节码文件之前加上包的名称。要注意的是，此时的当前目录必须是包存放的位置。

D:\Example>javac lztd.info.PackageDemo

Hel1o world!

如果当前目录不是包存在的位置，可能会产生运行错误信息，如图4-9所示。

D:\>java lztd.info.PackageDemo

错误：找不到或无法加载主类lztd.info.PackageDemo

图4-9 当前位置不是运行程序所在的包的位置

解决的办法有两个。

（1）在命令模式下使用set命令，设置classpath的路径，如图4-10所示。

D:\>set classpath=d:\example

D:\>java lztd.info.PackageDemo

Hello world!

图4-10 在命令模式下设置包的运行路径

使用这种方式，在当前命令窗口关闭以后，需要重新设置。

（2）在"计算机"(Windows 10为"此电脑")的属性中，高级系统设置→高级→环境变量。

在用户变量栏中新建一个elasspath的变量，变量的值为包所在的目录，如果有多个包，则分别存放在不同的目录，需要使用"；"分隔，列出所有的目录，再加上"."，表示当前目录。

4.6.2 包的引用

我们常用的Java开发程序除用于解释这门语言的编译器之外,还包括了一系列供程序员使用的包。比如前面我们经常用到的ArrayList这个类就是在包Java.util里面定义的。标准的Java包大多以Java或者Javax开头。那么我们如何使用这些已有的标准Java包呢?第一种方式是使用某个包里面某个类的完整限定名,如下所示:

```java
public class PackageTest{
    public static void main(String[] args) {
        Java.util.ArrayListarrayList=new Java.util.ArrayList();
    }
}
```

显然用上面的方式书写代码太麻烦了,每次都要写一长串的文字。因此Java提供了另外一个关键字import,用于导入我们想使用的类。这样,我们就可以修改上面的例子,如下:

```java
import Java.util.ArrayList;
public class PackageTest(
    public static void main(String[] args){
        ArrayListarrayList=new ArrayList();
    }
}
```

这样,我们就可以不用输入一长串的文字。但是这样也只是导入了Java.util这个包下面的ArrayList类,而这个包下面还包含很多其他可供使用的类。假如要使用这个包下面的其他类,按照这种方式,就需要导入每个我们要使用的类,也比较麻烦。因此,Java提供了一个通配符"*",这样就可以一次性导入某个包下面所有的类了。上面的import语句就可以改写为

import Java. util.*;

值得注意的是,虽然这里只提到了导入标准的Java包,但是当要导入任何其他第三方Java包的时候,也只需使用import导入要使用的包就可以了。

当然,除了使用别人提供的包以外,自己也可能要设计包。自己在设计包的时候,特别要注意命名。Java中每一个包都有自己独立的名字空间,那么两个

包名就一定不能相同。因此Java给包命名的时候通常把Intertnet域名的反向作为包名的第一部分，后面再跟一个名字即可。因为Internet域名都是唯一的，所以包名也是唯一的。例如，一个域名为example.com，那么包名的第一部分可以是com.example，后面再跟一个名字，比如framework，那么com.example.framework就可以形成一个完整的包名了。而这一个包可以由许多的类构成。

程序员在Java开发过程中编写新的源文件时，可以使用已经存在的类来实例化对象，提高代码的复用率，缩短开发周期。这些已经存在的类可以与新的源文件放在同一个包中，也可以放在不同的包中。如果新编写的源文件使用了与自己不在同一个包中的其他类，需要使用关键字import把包引入新的源文件中，格式如下：

import<包名.类名>； 或者 import <包名.*>；

在引入包之前，必须先设置好elasspath路径，用于指定包所在的位置。它的方式与前述的方式相同，建议采用第二种方式设置elasspath。

例4-14和例4-15分别创建两个不同的包，假设把这两个包都放在D:\Example目录下，源文件都存放在D:\Examplelsre目录下。

例4-14　定义包lztd.com。

```java
package lztd.com;
public class Dog
{
    public void call()
    {
        System.out.println("汪汪汪...");
    }
}
```

例4-15　定义包lztd.info。

```java
package lztd.info;
public class Car{
    public void show(){
        System.out.println("这是一辆红色宝马车...");
    }
}
```

编译好源文件之后，例4-16使用了lztd.com和lztd.info两个包，并把这个源文件存放在D:\Example目录下。在系统属性中设置classpath，把D:\example 目录加入这个路径中。

例4-16 使用包。

```
import lztd.info.*;//引入包lztd.info中的所有类
import lztd.com.*;//引入包lztd.com中的所有类
public class Package Demo{
    public static void main(String[] args) {
        Car c=new Car();//使用包中已经定义好的类Car实例化对象
        Dog d=new Dog();//使用包中已经定义好的类Dog实例化对象
        c.show();
        d.call();
    }
}
```

阐述了继承和包之后，我们对之前的访问控制修饰符进行补充说明。

（1）public。public可以被不同的包或者同一个包中的其他类使用。

（2）protected。protected可以被同一个包中的其他类或者不同包中该类的子类使用。

（3）默认。该修饰符只能在同一个包中被其他类使用。

（4）private。private只能在同一个类中使用。

引入包之后，在不同的包中可能会存在同名的类，如果这些类都在同一个源程序中使用，需要在类名之前加上包的名字，以示区别。例如：

java.util.Date d=new java.util.Date();

为了更好地利用包中的类，类被组织成包。一般情况下，一个类只能引用与它在同一个包中的类，如需要使用其他包中的public类，则要通过import引入，例如：

import javax.swing.JOptionPane;

上述语句可以把javax.swing包里的JOptionPane类引用进来。如果需要引用整个包内的所有类及接口，就需要使用*号。

import javax.swing.*;

我们在一个类中引用一个包中的类时，可采用以下两种方式。

①类长名（Long Name），即加上包名称的类名，例如：

java.util.Date date =new java.util.Date();

②类短名（Short Name），需在类程序最前面引入包，然后使用该类名，例如：

　　import java.util.Date;

　　······

　　Date date=new Date();

如果使用同一个包里面的其他类，是不需要考虑包的限定名的。但是如果使用另外一个包提供的类和接口，就要考虑如何告诉Java编译器找到我们所需要使用的类了。其中一种办法是使用包中的类和接口的完全限定名。例如，定义的PackageTest类的完全限定名为cn.edu.szu.csse.PackageTest，如果打算在cn.edu.szu.csse包外使用这个类的话，就要这样写：

　　cn.edu.szu.csse.PackageTest

　　pt=new cn.edu.szu.csse.PackageTest();

在不经常使用这样的类或接口的名字的情况下，使用完全限定名是很方便的。但是如果需要频繁地使用其他包中的类或接口，使用完全限定名就变得很麻烦，同时也使代码变得难以阅读。要解决这个问题，就要使用import语句导入一个包中的所有成员或者某个特定的成员。

为了把某个包中的成员导入当前的源文件，应该在源文件的开头，在package语句之后，其他任何语句之前放入import语句。下面的语句导入了PackageTest类：

　　import cn.edu.szu.csse.PackageTest;

如果一个包中含有许多的类，而我们又需要使用它们的话，就可以考虑导入整个包。要导入某个包中包含的所有类和接口，应该使用带有通配符(*)的import语句。例如，下面的语句导入了cn.edu.szu.csse包中的所有的类：

　　import cn.edu.szu.csse.*;

在使用import语句导入一个包之后，我们就可以直接使用类或接口的名字来访问这个包中的类和接口。值得注意的是，如果使用import语句导入了一个包中所有的类，可能会增加编译的时间，但是不会影响Java程序运行的性能。因为环境由Java虚拟机和Java程序运行时所需要的Java类库组成。在Java程序运行时，环境按需从Java类库中加载应用程序需要的类的字节码到内存中，而不会加载不需要的无关类。

4.6.3 常用系统包

在Java语言中，系统提供了功能非常丰富的系统类，这些类存放在不同的包中。之前的所有程序在运行过程中，默认加载了系统包java.lang。由于这个包是Java语言的核心包，所以不需要用户显式加载。JDK还有以下几个常用包。

（1）java.lang包。这是Java语言的核心包，它包含Object、String、System、Thread、Throwable、Integer等常用包。这个包中还有一个子包jalangreleet，是反射开发包，这是Java语言的一大特色。

（2）java.util包。这是Java语言开发的工具包，提供了大量的工具类，例如，与链表有关的Collection集合、日期类Date等，都在这个包中。这个包有一个子包java.util.regex，是正则工具包。

（3）java.io包。Java语言对文件和其他输入/输出设备进行操作时的包，例如，File、InputStream、OutputStream等都在这个包中。

（4）javax.swing包。这是Java语言进行可视化界面开发时使用的包。与它相对应的还有一个重量级的GUI界面设计包java.awt。

（5）java.net包。这是网络应用程序开发包。

（6）java.sql包。这是进行数据库开发时需要使用的包。

在开发过程中，除了java.lang包之外，其他的包都需要使用import关键字进行显示导入。

4.6.4 创建jar包

通过包可以实现对类进行管理和维护，如果程序中的包比较多，还可以使用jar包进行管理。在Java中提供有一个命令jar，用来创建jar包，其格式如下：

jar [-option] jarname packagename

把lztd文件夹中的所有包添加到一个名为lztd.jar包中，如图4-11所示。

```
D:\Example>jar -cvf lztd. jar lztd
已添加清单
正在添加: lztd/(输入=0)(输出=0)(存储了0%)
正在添加: lztd/com/(输入=0)(输出=0)(存储了0%)
正在添加: lztd/com/Dog.class(输入中396)(输出=286)(压缩了27%)
正在添加: lztd/info/(输入=0)(输出=0)(存储了0%)
正在添加: lztd/info/A.class(输入=404)(输出=297)(压缩了26%)
正在添加: lztd/info/Car.class(输入=415)(输出=324)(压缩了21%)
正在添加: lztd/info/PackageDemo.class(输入= 336)(输出= 252)(压缩了25%)
```

图4-11　使用jar命令生成 jar包

展开lztd文件夹后，可以看到info和com目录都包含在这个压缩文件中，说明利用包创建jar压缩包成功。

jar包的最大好处是可以直接使用classpath进行设置，设置的方式为"路径名 jar包名"。

5 数组和数组处理

数组是数据类型相同、数目一定的变量有序集合，组成数组的变量称为该数组的元素。通过数组的使用我们可以一次定义多个变量，并且通过数组的下标可以方便地使用数组元素。为此，我们引入了数组。本章主要介绍一维数组、二维数组、对数组的操作。

5.1 一 维 数 组

Java语言中，数组是一个对象，使用前需要声明和创建。用一个下标确定并区分数组中的不同元素，称为一维数组。

5.1.1 一维数组的声明

一维数组的声明格式如下：

数据类型标识符 数组名[]

或

数据类型标识符 [] 数组名

Java语言中，数组是一个对象。声明数组只是声明了一个用来操作相应数组的引用，并不会为数组元素实际分配内存空间。因此，声明数组时，不能指定数组元素的个数。

例如：

int a[3];　　　　//错误

说明：

（1）数据类型标识符可以是任意的基本数据类型，如int、long、char，也可以是类或接口类型。

（2）数组名的命名是任意的合法标识符，名字最好符合"见名知意"的原则。例如，声明一个保存人的年龄的数组，数据类型为int的数组age，其声明如下：

int age[ ];

或

int [ ] age;

5.1.2　一维数组分配空间

声明了数组，只是得到了一个存放数组的变量，并没有为数组元素分配内存空间，不能使用。因此要为数组分配内存空间，这样数组的每一个元素才有一个空间进行存储。简单来说，分配空间就是要告诉计算机，内存为它分配几个连续的位置，用于存储数据。Java可以使用new关键字来给数组分配空间。分配空间的语法格式如下：

数组名=new数据类型[数组长度];

其中，数组长度就是数组中能存放的元素个数，显然应该为大于0的整数。例如：

String[ ] name;　　　　//先声明

name=new String[10];　　　//再分配空间

double price[ ];

price=new double[6];

也可以在声明数组时就给它分配空间，语法格式如下：

数据类型[] 数组名=new数据类型[数组长度];

例如，声明并分配一个长度为5的int类型数组b，代码如下：

int b[]=new int[5];

b为数组名称，方括号"[]"中的值为数组的下标。数组通过下标来区分数组中不同的元素，并且下标是从0开始的。因此，这里包含5个元素的b数组的最大下标为4。一旦声明了数组的大小，就不能再修改。这里的数组长度也是必需的，不能少。

5.1.3 一维数组的初始化

数组可以进行初始化操作，在初始化数组的同时，可以指定数组的大小；也可以分别初始化数组中的每一个元素。在Java语言中，初始化数组有以下3种方式。

（1）使用new创建数组之后，它还只是一个引用，直接将值赋给引用，初始化过程才算结束。

int arr[]=new int[5];

arr[0]=l;

arr[l]=2;

arr[2]=3;

arr[3]=4;

arr[4]=5;

（2）使用new直接指定数组元素的值，等价于方式一。例如：

int arr[]=new int[]{1,2,3,4,5};

（3）直接指定数组元素的值。例如：

int arr[] ={1,2,3,4,5};

使用这种方式时，数组的声明和初始化操作要同步，如下代码就是错误的：

int[] arr;

arr={1,2,3,4,5};

针对不同的数据类型，自动初始化的值也不同，见表5-1所列。

表5-1　变量的自动初始化的值

数组元素的类型	初始值
byte、short、int、long	0
float、double	0.0
char	'\0'
boolean	false
引用类型	null

5.1.4　一维数组的访问

5.1.4.1　单个数组元素的访问

获取单个数组元素是指获取数组中的一个元素，如第一个元素或最后一个元素。获取单个元素的方法非常简单，指定元素所在数组的下标即可。语法如下：

数组名 [index]

其中，index为数组元素的下标或索引，下标从0开始到数组的长度减1。作为对象的数组提供了一个length成员变量，它表示数组元素的个数，访问该成员变量的方法为"数组名.length"。

```
int arr[]=new int []{1, 2, 3, 4, 5};
System.out.println ("数组的第一个元素的值为:"+arr [0]) ; //arr[0] =1
System.out.println ("数组的最后一个元素的值为:"+arr[arr.length-1]); //arr[4]=5
```

5.1.4.2　使用循环访问多个数组元素

当数组中的元素数量不多时，要获取数组中的全部元素，可以使用下标逐个获取元素。但是，如果数组中的元素过多，再使用单个下标则显得烦琐，此时使用一种简单的方法可以获取全部元素——使用循环语句。

下面利用for循环语句遍历arr数组中的全部元素，并将元素的值输出。代码如下：

```
int[] arr={1,2,3,4,5};
for (int i=0; i<arr.length; i++)
{
    System.out.println ("第"+ (i+1) +"个元素的值是："+arr [i]);
}
```

除了使用for语句，还可以使用for...each遍历数组中的元素，并将元素的值输出。

例5-1 使用for...each语句遍历数组中的元素，并输出元素的和。

```
public class ForEachTest(
    public static void main(String[] args){
            int sum=0;
            int arr[]=new int[100];
            for (int i=0; i<100; i++)
                    arr[i]=i+l;
            //for...each语句的使用
            for (int a : arr)
                    sum=sum+a;
            System.out.println("the sum is"+sum);
    }
}
```

程序运行结果：

the sum is 5050

5.1.5 一维数组的应用举例

例5-2 随机抽取扑克牌。

从一副扑克牌中随机抽取5张，打印抽取的5张牌。

解题思路：一副扑克牌有54张，可以定义一个包含54个元素的整型数组poker，数组元素的值分别为0～53。

```
int poker[]=new int [54];
for(int i=0; i<poker.length-1; i++)
poker[i]=i;
```

设元素的值0～12为黑桃，13～25为红桃，26～38为梅花，39～51为方块，52为小王，53为大王。然后洗牌（打乱每个元素的牌号值），之后从中取出前5张牌，最后用cardNumber/13确定花色，用cardNumber%13确定是哪一张牌。

```java
public class PlayingCards{
    public static void main(String[] args){
        int[] poker=new int[54];
        String[] suits={"黑桃","红桃","梅花","方块"};
        String[] ranks={"A","2","3","4","5","6","7","8","9",
                            "10","J","Q","K"};
                //初始化每一张牌
                for (int i=0; i<poker.length;i++)
                    poker[i]=i;
    //打乱牌的次序
                for (int i=0; i<poker.length;i++) {
                    //随机产生一个元素下标0～53
                    int index=(int)(Math.random()*poker.length);
                    int temp=poker [i] ; //将当前元素与产生的元素交换
                        poker[i]=poker[index];
                    poker[index]=temp;
    }
    //显示输出的前5张牌
                for (int i=0; i < 5; i++){
                    if(poker[i]==52)
                    {       System.out. println ("小王");
                        continue; }
                    if(poker[i]==53)
                    {       System.out.println ("大王");
                        continue; }
                    String suit=suits [poker [i] /13] ;      //确定花色
```

```
        String rank=ranks [poker [i] %13] ;    //确定次序
        System.out.println(suit+"  "+rank);
    }
  }
}
```

程序运行结果：

方块 2

红桃 8

黑桃 9

黑桃 J

大王

5.2　二　维　数　组

5.2.1　二维数组的声明

声明二维数组的格式有下列两种：

数据类型　数组名[][];

数据类型[][]　数组名;

例如：

int [ ] [ ] price;　　　//声明了一个数组名为price的整型二维数组

String stuName [ ] [ ] ;　//声明了一个数组名为stuName的字符串二维数组

5.2.2　创建二维数组

创建二维数组就是为二维数组的每个元素分配存储空间。系统先为高维分配引用空间，再顺次为低维分配空间。二维数组的创建也使用new运算符，分配空间有两种方法：

int[][] arr=new int[3][4];//直接为每一维分配空间，arr是一个3行4列的数组

这种方法适用于数组的低维中具有相同个数的数组元素。在Java中，二维数组是数组的数组，即数组元素也是一个数组。二维数组arr有arr[0]、arr[1]和arr[2]三个元素，它们又都是数组，各有4个元素。

创建了二维数组后，它的每个元素被指定为默认值。上述语句执行后，数组arr的12个元素值都被初始化为0。

在创建二维数组时，我们可以先给第一维分配空间，再为第二维分配空间。这种方法适用于数组的低维中具有不同个数的数组元素。例如：

int[][] arr=new int[3][];　　　　　　　//先给第一维分配空间

arr[0]=new int[2];　　　　　　　　　　//再给第二维分配2个元素空间

arr[1]=new int[3];　　　　　　　　　　//再给第二维分配3个元素空间

arr[2]=new int[4];　　　　　　　　　　//再给第二维分配4个元素空间

5.2.3　二维数组的初始化

二维数组的初始化和一维数组一样，可以通过3种方式来指定元素的初始值。

（1）第一种方式的语法：

array=new type [ ] [ ] {值1，值2，值3，…，值*n*};

例如：

int[][] arr;

arr=new int [ ] [ ]{{1，2}，{3，4}，{5，6}};

（2）第二种方式的语法：

array=new type [ ] [ ] (new 构造方法(参数列)，…);

例如：

int[][] arr;

arr=new int[][]{{new int(1),new int(2)},{new int(3),new int(4)},{new int(5),new int(6)}};

（3）第三种方式的语法：

type[][] array={{第1行第1列的值，第1行第2列的值，…}，{第2行第1列的值，第2行第2列的值，…}，…};

对于二维数组，我们可以在声明时初始化数组元素。例如：

int[][] arr={{1，2，3，4}，{5，6，7，8}，{9，10，11，12}};

arr数组是3行4列的数组，二维数组每一维都有一个length成员表示数组的长度。arr.length的值是3，arr[0].length的值是4。

5.2.4　二维数组的访问

5.2.4.1　单个数组元素的访问

当需要获取二维数组中的元素的值时，我们也可以使用下标来表示。语法如下：

数组名[index1] [index2]

其中，index为数组元素的下标或索引，下标从0开始到数组的长度减1。其中，array表示数组的名称，index1表示数组的行数，index2表示数组的列数。例如：

double[][] stu_score={{68.0,85.5,90},{92.5,90,96},{93,90,86. 5},
                                      {88.5,87.5,90}};

System.out.println ("第二行第二列元素的值："+stu_score[1] [1]);
          //stu_score[1][1]=90.0

System.out.println ("第四行第一列元素的值："+stu_score[3][0]);
          //stu_scom[3] [0]=88.5

要获取第二行第二列元素的值，应该使用stu_score[1][1]来表示。这是由于数组的下标起始值为0，因此行和列的下标需要减1。

5.2.4.2　使用循环访问多个数组元素

在一维数组中直接使用数组的length属性，获取数组元素的个数。而在二维数组中，直接使用length属性，获取的是数组的行数；在指定的索引后加上length（如 array[0].length），表示的是该行拥有的列数。

如果要获取二维数组中的全部元素，最简单、最常用的办法就是使用for语句。

例5-3　使用for循环语句遍历数组的元素，并输出每一行每一列元素的值。

```java
public class TwoDimenArray{
    public static void main(String args)[]{
        int arr[][]=new int [][]{{1,2,3},{11,12},{20,26,36,16}};
        for (int i=0; i<arr.length; i++) {         //遍历行
            for (int j=0; j<arr[i] .length; j++) {      //遍历列
                System.out.print (arr [i] [j] + " ");
            }
            System.out.println();
        }
    }
}
```

程序运行结果：

1 2 3

11 12

20 26 36 16

上述代码使用嵌套for循环语句输出二维数组。在输出二维数组时，第一个for循环语句表示以行进行循环，第二个for循环语句表示以列进行循环，这样就实现了获取二维数组中每个元素的值的功能。

5.2.5　二维数组的应用举例

例5-4　编写程序，使用二维数组计算两个矩阵的乘积。

如果矩阵A乘以矩阵B得到矩阵C，则必须满足如下要求：

（1）矩阵A的列数与矩阵B的行数相等。

（2）矩阵C的行数等于矩阵A的行数，矩阵C的列数等于矩阵B的列数。

（3）计算公式：$c_{ij} = \sum_{k=1}^{n} a_{ik} \times b_{kj}$，$c_{ij}$是矩阵C的第i行第j列元素。

程序如下：

```java
public class MatrixMultiply{
    public static void main(String [] args){
        int a[][]={{1,2,3},
                    {4,5,6}};
        int b[][]={{1,-2,3,0},
                    {0,-1,6,3},
                    {-3,1,5,-2}};
        int c[][]=new int[3][5];
        //计算矩阵乘法
        for(int i=0; i < 2; i++)
                for(int j=0; j < 4; j ++)
                        for(int k=0; k < 3; k++)
                                c[i][j]=c[i][j]+a[i][k] * b[k][j];
        //输出矩阵结果
        for(int i=0; i < 2; i++){
                for (int j=0; j < 4; j ++)
                        System.out.print (c [i][j]+ "  ");
                System.out.println ();
        }
    }
}
```

程序运行结果：

-8 -1 30 0

-14 -7 72 3

5.3　对数组的操作

5.3.1　数组的引用

数组的引用就是对数组元素的引用。引用方法是通过下标来指定数组元素的。数组元素几乎能出现在简单变量可以出现的任何情况下。

例如：

```
int person[];
person=new int[3];
person[0]=15;
person[2]= person[0]+16;
```

5.3.2　数组的复制

将一个数组诸元素的值复制到另一个数组中，可以通过循环语句，逐个元素进行赋值，也可以直接将一个数组赋给另一个数组。

例5-5　数组复制。

```
int fir[][],sec[][],thr[][],i,j;
fir[][] =new int[3][4];
sec[][]=new int[3][4];
thr[ ][ ]=new int[3][4];
for(i=0;i<3;i++){
    for(j=0;j<4;j++)
    {
            fir[i][j]=i*j;
            sec[i][j]=fir[i][j];
    }
```

```
    }
    thr=sec;     //可以通过数组名完成数组元素的赋值
```

　　程序解析：本例首先通过循环语句给数组fir的各元素赋值，其次将fir各元素的值赋给sec的对应元素，最后直接将数组sec赋给数组thr，也实现了数组之间的复制。

　　本例进行复制的两个数组具有相同的维数和行数、列数，事实上，通过逐个元素赋值的方法可以在不同维数、不同大小的数组之间实现复制，直接使用数组名赋值只能在维数相等的两个数组之间进行。

　　thr=sec；这条语句并不能将sec的数组内容赋值给thr，而只是将sec的引用值赋给了thr。在这条语句之后，sec和thr都指向同一个数组，如图5-1所示。thr原来引用的数组不能再引用，它变成了垃圾，会被Java虚拟机自动收回。

　　图5-1的赋值语句执行前，sec和thr指向各自的内存地址。在赋值之后，数组sec的引用被传递给thr。

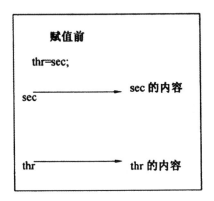 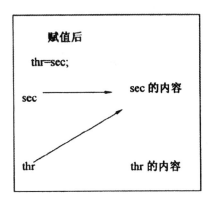

图5-1　数组赋值

5.3.3　数组的输出

　　数组的输出通过循环语句将元素逐个输出。

　　例如：

```
Int fir[],i;
```

```
fir=new int[3];
for(i=0;i<fir. length;i++)
{
    fir[i] =i;
    System.out.println(a[i]);
}
```

功能是通过循环语句先将数组赋值，再分别输出各元素的值。

6 异 常 处 理

这一章主要学习Java的异常处理知识，就是针对各种程序运行时经常会出现一些不正常的现象，像死循环、不正常退出等一些运行错误，对其中一些可以处理的运行错误进行处理，来保证编写的程序具有更高的稳定性和可靠性。

6.1 异　　常

6.1.1 Java异常处理的基础知识

如果用户在使用已开发程序的过程中，则经常会出现一些被系统终止运行的错误信息。在用户看来，这是很严重的错误，将会为用户带来非常坏的体验。但实际上，有些错误可能是由于用户的操作不当而产生的，与程序关系不大。例如，要打开的文件不存在，或输入的数据格式不正确等，这些是在编程时无法预计的。如果系统直接停止运行，抛出普通用户无法理解的错误提示说明，就会使用户很恼火。所以要在程序中编写一些代码来防止这种情况的产生，当有异常产生时，不直接抛给用户，而是由程序自身接收，并进行相应的处理，然后给用户一个更友好的界面，以及更有利于用户理解的说明。

6.1.1.1　Java编程中的错误种类

我们先看一看一般程序中都会犯一些什么样的错误。从程序员的角度，在编写程序时一般会有以下几种错误。

（1）语法错。

违反语法规范的错误称为语法错，在编译时发现。如标识符未声明，变量赋值时的数据类型与声明时的类型不匹配、括号不匹配等。Java编译器会发现语法错误，给出错误的位置和性质。

（2）语义错。

在语义上存在的错误则称为语义错，运行时才能被发现。如除数为0，变量赋值超出范围等。有些语义错误能够被事先处理（除0、数组下标越界等），有些不能（打开文件不存在，网络连接中断等），这些错误的发生不由程序本身所控制，因此必须进行异常处理。

（3）逻辑错。

程序可编译，可运行，但运行结果与预期不符。即程序员自己将程序功能编写得不正确。系统无法发现逻辑错。

这里只讨论语义错误所引起的在程序运行时会产生的异常问题，对于编译时能发现的语法错和程序员编写不正确引起的逻辑错不做考虑。这是因为在程序开发过程中，程序员能够发现并改正语法错误和逻辑错误，但无法防范所有运行时的错误，即使程序员考虑得再周到，也不能保证运行时不出现错误。例如，输入数据格式错误，文件不存在，网络连接中断等，这些错误的出现是不由程序控制的，面向过程语言没有提供对这些错误的防范和处理机制，只能任凭错误的产生而导致程序运行中断。

6.1.1.2　异常处理的类层次

从系统的角度，运行错误根据性质的不同分为两类：一类是致命性的；一类是非致命性的。

（1）致命性错误。致命性错误指程序运行时遇到的硬件或操作系统的错误。

（2）非致命性异常。非致命性异常指在硬件和操作系统正常时，程序遇到的运行错。

因为异常是可以检测和处理的，所以产生了相应的异常处理机制，目前大多数面向对象语言都提供异常处理机制，而错误处理一般由系统来承担，程序员是无能为力的。

Java的异常处理机制秉承着面向对象的基本思想。Java的异常处理机制将错误封装成若干错误类和异常类，并提供异常处理语句，用于在程序中实现对运行时错误的发现和及时处理。错误和异常分别定义为相应的Error类和Exception类，它们的根类是Throwable，它是从Object直接继承而来的，只有它的后代才可以作为一个被抛出的异常。图6-1表示了异常处理的类层次。

图6-1　异常处理的类层次

6.1.1.3　异常的分类

根据异常处理的类层次中，针对各个类的处理要求的不同，可以将异常和错误分为三种处理方式。

（1）程序不能处理的错误。

Error类是错误类，如内存溢出、栈溢出等。这类错误一般由系统处理。程序本身无须捕获和处理。

（2）程序应避免而不捕获的异常。

对于运行时异常类(Runtime Exception)，正确的程序设计是可以避免的。例如，数组越界在编程时使用数组长度a.length即可避免异常发生，因此这类异常应通过程序调试尽量避免而不去捕获它，因为异常机制的效率很差。异常对性能的影响有两个方面：一方面，异常的创建、捕获和处理都需要付出代价；另一方面，就算异常没有发生，包含异常处理的代码也会比不包含异常处理的代码需要的运行时间多。

（3）必须捕获的异常。

一些异常在编写程序时是无法预料的，如文件没找到异常、网络中断异常，因此为了保证程序的健壮性，Java要求必须对可能出现的这些异常代码使用try、catch、finally语句，否则编译无法通过，这是强制要求。下面看一个必须捕获的异常的例子。

```
import java.io.*;
public classTest{
    public static void main(String args[]){
            FileInputStream fis=new FileInputStream("autoexec.bat");//访问文
件语句
            System.out.println("I can not found this file!");
```

编译结果：

Test.java：4：未报告的异常java.io.FileNotFoundException;//必须对其进行捕捉或声明

FileInputStream fis=new FileInputStream（"autoexec.bat"）;//访问文件语句

1错误

系统提示文件不存在异常类必须被捕获或声明抛出的出错信息。这是由于"new FileInputStream("autoexec.bat");"这个语句中调用的构造方法"FileInputStream("autoexec.bat")"定义了一个会抛出FileNotFoundException异常的方法。而FileNotFoundException正是非运行时的异常类，所以即使程序本身没有任何错误，但在编写此调用方法时，也要进行异常处理。

6.1.2   关于使用异常的几点建议

由于异常使用起来是如此方便，以至于在很多情况下程序员可能会滥用异常。然而没有白捡的便宜，使用异常处理也不例外。使用异常处理会降低程序运行的速度，如果程序中过多地使用异常处理，程序的执行速度会显著地降低。在这里我们给出几点建议，来帮助读者把握好使用异常处理的尺度。

（1）在可以使用简单的测试就可以完成的检查中，不要使用异常来代替它。例如：

```
if(aref!=null)
{
```

```
//使用aref引用对象
……
}
```

（2）不要过细地使用异常。最好不要到处使用异常，更不要在循环体内使用异常处理，可以将它包裹在循环体外面。

（3）不要捕获了一个异常而又不对它做任何的处理。如下所示：

```
try
{
    //正常执行的代码
    ……
}
catch(Exception e)
{}
```

在Java类库中有些方法会产生异常，而在自己方法中又不愿意处理它（比如它的发生概率很小，不必为小概率事件操心），但是也不希望将它放到方法的throws子句中（因为那样所有调用这个方法的方法都要处理这个异常），这时可能会采取上面的处理方法，将异常"雪藏"起来。这样做是不负责任的。俗话说，"不怕一万，就怕万一"，如果这个异常发生了，而程序又没有处理它，这样一个小小的疏忽就可能给用户带来很大的损失。

（4）将异常保留给方法的调用者并非不好的做法。

有些人可能习惯于在方法内部处理所有的异常，而实际上，对于有些异常，将其交给方法的调用者去处理可能是一种更好的处理办法。

6.2 捕 获 异 常

如果当前方法可以处理某种类型的异常，则可通过try…catch…finally语句捕获并处理相关异常。其基本格式如下：

```
try{
```

```
    //可能抛出开常的代码段
}catch(异常类型1 e1){
    //异常处理代码
}catch(异常类型2 e2){
    //异常处理代码
}
……    //可以有多个catch子句
}finally{
    //最终执行的语句
}
```

在上述语句中，try语句和catch语句是必需的，而且catch语句可以定义多个；finally语句不是必需的。

如果程序调用了可能抛出异常的方法，则调用这些方法的语句放在try语句块中。如果程序执行到某个语句时产生了异常，则try块后面的语句不再执行，而去找与该异常相匹配的catch并进行异常处理。

一个try语句后可以有多个catch语句，用于捕获并处理多个不同类型的异常事件。Java运行时系统依据catch语句出现的顺序分别对每个catch语句处理的异常类进行检测，直到找到与生成的异常对象的类型相匹配的catch语句。catch语句通常是从特殊到一般进行排序的。异常的处理程序写在catch语句块中，具体的处理代码常常会用到异常类提供的方法getMessage()、toString()和printStackTrace()，其中getMessage()方法获取抛出异常的原因，toString()方法返回抛出异常的类型和原因，printStackTrace()方法返回抛出异常时的堆栈状态。

finally语句为try语句给定了一个统一的出口，无论try语句是否有异常产生，也无论catch语句是否捕获并处理了异常，finally语句所指定的程序段都要执行。通常，finally语句中的程序段用于释放系统资源，如关闭文件、关闭流等。另外，要特别注意，Java规定，如果catch语句中有诸如throw语句等会引起流程跳转的语句，那么这样的语句要等到finally语句执行完之后才会执行，因此finally部分最好不要有像return这样的会导致程序"突然中止"的语句。

6.3 抛出异常(throw)

抛出异常有下列两种方式：

（1）程序中抛出异常。

（2）指定方法抛出异常。

在捕获一个异常前，必须有一段代码生成一个异常对象并把它抛出。Java运行时系统抛出异常对象，然后由系统处理或由程序处理，除了以上的情况，异常对象也可以由程序员自己编写的代码抛出，即在try语句中的代码本身不会由系统产生异常，而是由程序员故意抛出异常。那么为什么要故意抛出异常呢？主要是由于程序功能的需要。下面看一个例子。

例6-1 求1到9的阶乘。

程序如下：

```
public class Try4{
        public voidfactorial(byte k) {               //求k的阶乘的方法定义
                byte y=1,i;//定义byte是8bits长度的整型数据类型
                for (i = 1;i<= k;i + + ) //循环i从1到k
                        y = (byte) (y * i);//不断地乘
                System.ou.println(k + "！ =" + y) ;//显示k阶乘的值
        }
        public static void main (String args[]){
        Try4 a = new Try4();//新建对象Try4
        for (byte i = l;i<10;i+ + )//求1到9的阶乘
                a.factorial (i);//调用对象的方法并求每个数的阶乘
    }
}
```

运行结果：

1! = 1

2! = 2

3! = 6

4! = 24

5! = 120

6! = −48

7! = −80

8! = −128

9! = −128

可以看到，6及6以后的运行结果都是负数，整数阶乘的结果应该都为正整数，为什么会出现这种情况呢？这说明数据溢出了，即超出了byte的数据范围。

在程序实现功能的业务流程中，有时候一些程序认为是正确的情况，而对项目的业务流程来说可能是错误的状态。例如，人的年龄是1000，此时程序本身不认为是错误，而常识告诉我们出现了错误，对于程序功能来说，这是一种异常，所以可以统一采用异常处理的方式加以处理。当出现不符合功能的情况，Java程序就认定是异常而进行主动抛出。下面就介绍使用throw语句来主动抛出异常的方法。

程序员根据程序的功能需要主动抛出异常的语句格式：

throw <异常对象>

其中，throw是关键字；异常对象是要抛出的异常对象。Java语言要求Java程序中，所有抛出的异常都只能是Exception类及其子类的对象。下面将上一个程序进行修改，看一看程序主动抛出异常的例子。

例6-2 加入异常处理的求1到9的阶乘。

程序如下：

```java
public class Try5{
    public void factorial (byte k) { //前面的内容不变
        byte y = 1,i;
        for (i = 1;i<= k;i + +){
            try{
                if (y>Byte.MAX_VALUE/i)
                    throw new Exception ("overflow") ; //溢出
时抛出异常
                else //否则正常执行乘法操作
                    y = (byte) (y * i);
            } catch (Exception e) {//在由catch捕获被抛出的异常
                System.out.println("exception:"+e.getMessage());//
```

显示异常信息

```
                                e. printStackTrace() ; //显示跟踪堆栈中的信息
                                System.exit(0) ; //终止程序
                        }
                }
                System.out.println(k + "! =" + y);
        }
        public static void main (String args[]){
                Try5 a = new Try5() ;//新建对象Try5
                for (byte i =1;i<10;i + + ) //求1到9的阶乘
                        a. factorial (i);//调用对象a求阶乘的方法，求每个阶乘
        }
}
```

程序在每次运行乘法前先判断结果是否溢出，其中的Byte.MAX_VALUE是Integer类的常量，表示最大值。当溢出时，用throw语句抛出异常，new Exception("overflow")生成一个异常对象，它的描述信息是"overflow"。执行throw语句后，运行流程将立即停止，它后面的语句执行不到，然后在包含它的try块中（可能在上层调用方法中）从里向外寻找与其相匹配的第一个catch子句并执行。

Byte为byte的包装类。基本数据类型包装类的作用为，使用基本数据的简单类型可以改善系统的性能，满足大多数应用程序的需求，但这些基本数据类型不具有对象的特性，不能满足某些特殊的需求，所以给它们定义了包装类。包装类对象在进行基本数据类型的类型转换时也特别有用。运行结果：

```
1! = 1
2! = 2
3! = 6
4! = 24
5! = 120
exception:overflow
java.lang. Exception:overflow
        at Try5.factorial(Try5.java:7)
        at Try5.main(Try5.java:21)
```

可以看出到6时主动抛出的异常，程序终止没继续往下算，以及跟踪堆栈中的信息。

6.4 自定义异常类

Java虽然提供了丰富的异常类，但是在项目开发中还经常遇到Java内置异常类不能满足实际需求的情况，此时就需要用户自己定义异常类。

用户自定义的异常类要继承Throwable类或它的子类，通常是继承Exception类。编写自定义异常类实际上是继承一个API标准异常类，用新定义的异常处理信息覆盖原有信息的过程。

用户自定义异常的一般步骤如下：

（1）创建一个继承Throwable的类或其子类。

（2）为该异常类添加构造方法。

（3）在一个方法中使用throw抛出异常。

（4）在另一个方法中捕获并处理异常。

例6-3 自定义异常类。

程序如下：

```
class OverflowException extends Exception{
//首先声明一个自定义的异常类OverflowException，它是继承于Exception
的类
public void printMsg(){//定义一个方法
        System.out.println("exception:"+this.getMessage());//显示异常信息
                this.printStackTrace() ;//显示跟踪堆栈的内容
            System.exit(0) ;//终止程序
        }
    }
public class Try7{
        public voidfactorial (byte k) throws OverflowException{//抛出异常
```

```
                    byte y = 1,i;
                    for (i = 1;i< = k;i + + ) {
                            if(y>Byte.MAX_VALUE/i)
                            throw new OverflowException();
                            //生成一个OverflowException异常抛出
                    else
                            y= (byte)(y * i);
                    }
                    System.out.println(k + "! =" + y);
            }
    public void calc(byte k) {              //捕获并处理异常的方法
                    try{
                            factorial (k); //调用会抛出异常的方法
    }catch(OverflowException e) {
                            e. printMsg();
                            //捕获异常后,调用异常对象的方法，显示异常信息并终
止程序
                    }
            }
        public static void main (String args[]){
                    Try7 a = new Try7();
                    for (byte i = 1;i<10; i + + )
                    a. calc (i);
            }
    }
```

运行结果:

1! = 1

2! = 2

3!=6

4!=24

5!=120

exception: null

OverflowException

   at Try7.factorial(Try7.java:14)

   at Try7.calc(Try7. java:23)

   at Try7.main(Try7.java:32)

提示异常是OverflowException，是自己定义的异常类。

7 Java 线 程

以往开发的程序，大多是单线程的，即一个程序只有一条执行线索，然而在实际应用中经常需要同时处理多项任务。例如，服务器要同时处理与多个客户的通信，这样可以在服务器方针对每个客户建立一个通信线程，各个通信线程独立地工作。通常计算机只有一个CPU，为了实现多线程的并发执行要求，实际上是采用让各个线程轮流执行的方式，由于每个线程在一次执行中占用的时间片很短，各个线程在间隔很短的时间后就可获得一次运行机会，所以给我们的感觉是多个线程在并发执行。多线程是现代操作系统有别于传统操作系统的重要标志之一。Java在系统级和语言级均提供了对多线程的支持。

7.1　进程与线程

在两个以上的处理要同时运行（如并行计算、多任务）的场合中，计算机可以对处理进行分割并指定同时运行的部分，这时计算机处理的分割单位为进程和线程。进程为了能够运行，需要独立占用一定的CPU和内存空间资源。而在很多时候，许多处理可以共享一部分资源时，使用进程却不能共享资源，因此导入了线程。同一进程内的多个线程可以共享进程资源，节省了多进程间切换的开销，提高CPU的运行效率。

7.1.1　进程的概念

进程是静态程序在信息处理过程中的一个动态实体，包含了所有变量和其他状态等。多任务操作系统为了让多个进程能并发处理，在进程间进行上下文切换。进程是操作系统中分配CPU、内存、外存资源的基本单位。

7.1.1.1　进程的构成

操作系统为了让进程间相互切换而不引发系统障碍（如死锁、系统抖动），而设计为隔离进程，为进程分配必要的资源。并且，操作系统准备了进程间通信的机制，以让进程能够安全地进行通信。

一般来说，进程由以下的资源构成：

（1）对应于程序的运行命令的映像。

（2）内存（通常包括实内存和虚拟内存）中装载了运行程序和进程固有的数据。

（3）分配给进程的资源描述符。如文件描述符（UNIX）、文件句柄（Windows）等。

（4）安全属性。安全属性包括进程的所有者、与进程相关的权限信息等。

（5）处理机状态（上下文）。上下文包括寄存器的内容、物理内存的地址等。上下文在进程运行时保存在寄存器中，非运行时保存在内存中。

7.1.1.2　进程的分类

进程根据它发挥的作用可以分为实现操作系统功能的系统进程以及使用用户权限运行的用户进程。根据它的程序部分的性质，进程可以分为以下几类。

（1）可再配置程序。可再配置程序指在把进程的程序段从辅助存储装置读入主存储装置时，从主存储的任何位置读入都可以运行的程序。此类程序在地址指定时，使用进程的开始地址的相对位置来表示即可。

（2）可再使用程序。在主存储内被读入并运行完的程序，可以不用再次读入主存储而再次运行。

（3）可递归使用程序。它是可以调用自身的程序。

（4）可再入程序。一个能被多个用户同时调用的程序称作可再入程序。可再入程序必须是纯代码，就是说程序段和数据段分别存储在不同的存储区域，可以共有程序段即可。同时调用的进程，需要准备各自的数据部分即可。可再入程序肯定是可递归和可再使用程序。

7.1.2　线程的概念

线程（Thread）是CPU处理的基本单位，但不独立分配资源。和进程相比较，线程在程序运行时的上下文信息达到最小，线程间的切换会快许多，因此线程也被称为轻量级进程。

从编程的观点来看，应用程序处理中线程很多时候不是只有一个处理对象，比如说要同时处理多个客户的通信，就必须有多个线程负责和不同的客户进行通信，并且还会有一个线程负责监听是否有新的客户请求。如果用单线程来实现，就可以采用信号或者时钟中断的方法进行编码，也可以采用多个进程，通过进程间通信来协调运行。但是，首先进程间切换代价很高，并且信号或中断处理会导入与原本的算法没有关系的多余编码。而多线程程序设计会简化这些处理而让程序设计者能专注于原本的算法，程序的结构也会得到改善。

使用线程，可以让在同一进程内的多个线程能够在同一内存空间运行，大幅度地减少内存的使用。但是，正因为一个数据可能会同时被多个线程改写而引发问题，所以在编写多线程处理的程序时，要注意同步与互斥问题。特别是在使用共享库（动态链接库）前，需要确认共享库是不是线程安全程序（即可再入程序），再进行程序设计。

7.1.2.1　用户线程和内核线程

在用户空间实现的线程称作用户线程。用户线程的切换由所属进程的线程时刻表决定。这种方式开销小、实现简单，但是会导致在同一个进程内的多个线程只能有一个运行，不能享受多处理机系统的好处。而且，如果其中有一个线程进入阻塞状态，整个进程就会进入阻塞状态。

在内核空间实现的线程称作内核线程。内核线程的切换由内核决定，因此在多处理机系统同一进程内的多个线程可以并行处理，并且其中任意线程阻塞，其他线程都可以继续运行。但是，内核线程只是共享用户空间的资源，而内核空间的资源是独占的，所以从进程管理方面看，内核线程几乎与进程没什么改变，开销也与进程差不多。并且，如果内核管理所有线程，系统可以生成的线程数的上限也会变得非常严格。

7.1.2.2　轻量级进程

轻量级进程（Light Weight Process，LWP）也是在内核实现的多线程并行的机制，在多处理机环境可以运行一个进程中的多个线程。内核线程和轻量级进程统称为本地线程（Native Thread）。

LWP综合了用户级和内核级线程两种方式，是Solaris、SVR4.2MP引入的线程机制。编程时不管生成多少个线程，能并行处理的最多只能达到CPU的个数。因此，内核线程通过内核管理所有线程的方式消耗和浪费的资源就太大。所以，我们采用内核管理LWP运行对象，而LWP选择适当的用户线程运行的方式。每个进程的LWP的个数上限是被设定的（处理器个数+α），这样浪费的资源就会比较少，用户线程生成的上限是在内存等资源的限度内。并且，用户线程间的切换是在用户空间进行，切换开销在用户线程和内核线程之间。

Java语言在设计的初期就引入了多线程的概念，使用Java，能比较容易地进行多线程的同步和通信协作。Java程序开始运行的时候，Java虚拟机生成一个新的线程，由这个线程运行main()方法，这个线程称为main线程，main()方法运行完毕返回后，main线程也随之消亡。在main线程运行过程中，可以生成新线程，而新生成的线程又可以生成其他的线程。而除main线程外，其他的线程的运行主体为线程所属对象的run()方法，随着run()方法运行结束，该线程也会结束。

要注意的是main线程与程序的结束之间没有关系，即使main线程很早就结束了，但只要程序中还有其他线程没有消亡，程序就没有结束。

7.2 创建多线程

在Java语言中，线程表现为线程类Thread，Thread类提供了线程需要的所有操作与控制方法。生成线程的方法有两种：一种是通过继承（extends）java.lang.Thread类的方法生成；另一种是通过实现（implements）java.lang.Runnable接口的方法来生成线程。本节对两种方法进行介绍。

7.2.1 继承Thread类

利用继承Thread类的方法生成和运行新的线程，按照以下顺序进行。

（1）编写继承Thread类的Class。

（2）在这个Class中声明run方法。

（3）生成此Class的实例对象。

（4）调用实例对象的start方法。

以下是使用这种方法的程序。例7-1是两个同时进行计数处理线程的运行程序。

例7-1 通过继承Thread类实现线程计数程序：CountDownThread.java。

```java
class CountDownThread extends Thread{//声明继承Thread.类
    private String name;
    public CountDownThread(String name){
        this.name=name;
    }
    public void run(){
        for(int i=3;i>=0;i--){
            try{
                sleep(1000);
            } catch (InterruptedException e){}
            System.out.println(name+":"+i);
```

```
            }
        }
        public static void main(String[] args){
            CountDownThread t1=new CountDownThread("thread 1");//生成线
程对象
            CountDownThread t2=new CountDownThread("thread 2");//生成线
程对象
            t1.start (); //启动线程
            t2.start();
        }
    }
```

在例7-1中，第一行的CountDownThread类声明时，继承了Thread类。类的run()方法描述了需要在新的线程中运行的处理。这里的处理通过for循环进行减计数。在run()方法中使用的sleep()方法是Thread类的static方法。sleep()方法的功能是让现在运行的线程休眠指定时间。此程序每进行一次减计数会休眠1000ms（=1s）。

为了使用线程，必须生成线程对象。程序分别生成了两个名字不同的线程对象，此时调用线程对象的start()方法，启动线程。在这里请注意：不是调用run()方法，而是调用start()方法。如果直接调用run()方法，在run()方法中的处理会运行，但是会和普通的方法调用一样，新的线程并没有启动。没有启动新的线程，线程间就不会竞争运行。而通过调用start()方法启动了新的线程，新线程会自动调用run()方法。

7.2.2 实现 Runnable 接口

通过实现Runnable接口运行的新线程，按照以下顺序进行。

（1）编写实现Runnable接口的类。

（2）在这个类中实现run()方法。

（3）生成这个类的实例。

（4）把这个实例作为构造方法的参数，生成Thread类的对象。

（5）调用此Thread类的对象的start()方法。

与继承Thrcad类的方法相比较，手续稍微多了一些。前面的CountDownThread.java可以改写成例7-2。

例7-2 通过实现Runnable接口实现线程计数程序：CountDownTest.java。

```java
public class CountDownTest implements Runnable{
    private String name;
    public CountDownTest(String name){
            this.name=name;
    }
    public void run(){
            for(int i=3;i>=0;i--){
                    try{
                            Thread.sleep(1000);
                    } catch(InterruptedException e) {}
                    System.out.println (name+":"+i);
            }
    }
    public static void main(String[] args){
            CountDownTest cdt1=new CountDownTest("thread 1");
            CountDownTest cdt2=new CountDownTest("thread 2");
            Thread t1=new Thread(cdt1);
            Thread t2=new Thread(cdt2);
            t1.start();
            t2.start();
    }
}
```

在实现Runnable接口的类中必须定义的方法只是run()方法。在run()方法中与继承Thread的时候一样，描述线程运行的处理。此程序的run()方法几乎和前面的程序一样，只是因为sleep()方法是Thread类的方法，所以使用了不同的方式。

运行实现了Runnable接口的新线程，在生成实现Runnable接口的类的实例之后，还必须生成Thread类的对象。在生成Thread类的对象时，必须指定构造方法的参数为实现Runnable接口的类的实例。程序如下：

```
CountDownTest cdt1=new CountDownTest("thread 1");
    Thread t1=new Thread(cdt1);
    t1.start();
```

7.2.3   两种创建方式的比较

使用继承Thread类的方法，实现起来确实比较简单。但是，如果仅仅是为了改变一些处理方法，并不改变线程本身的性质，就只通过覆盖run()方法就可以达到目的，因此采用继承Thread类的方法是不恰当的，也不太符合类的扩展原则。此时应该使用实现Runnable接口的方法。

另外，因为Java不支持多重继承，在设计的类需要扩展其他类的时候，需要使用实现Runnable接口的方法。而一般来说，类的设计在需要改变run以外的方法的处理时使用继承Thread的方法。

7.2.4   线程的生命周期

在一个线程的生命周期中，它总处于某一种状态中，Java线程从创建开始到消亡会经历几个状态。状态的迁移图如图7-1所示。

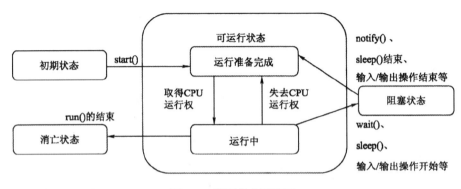

图7-1   线程状态迁移图

（1）初期状态。

通过new创建了新线程对象的状态，但是此状态线程还未启动，通过调用start()方法启动线程，转移到可运行状态。

（2）可运行状态。

线程开始运作的状态。这个状态进一步可分为运行中和运行准备完了两种状态。运行中是获得了CPU运行权运行处理的状态。通常单CPU处理机，在一个时点只能运行一个线程，这时其他的可运行状态的线程就处在运行准备完了的状态，等待获取CPU运行权。

（3）阻塞状态。

对磁盘的读入输出操作、线程的互斥控制以及同步处理等，线程会在一定时间进入阻塞状态。阻塞状态的原因解除后会回到可运行状态。

（4）消亡状态。

消亡状态指线程处理完了的状态。已经消亡的线程，是不能再次运行的。需要注意的是，在线程消亡的时候，线程所属的线程对象却不一定消亡。

7.3　线程的优先级

Java虚拟机允许一个应用程序拥有多个同时执行的线程，而众多的线程中，哪一个线程先执行，哪一个线程后执行，取决于线程的优先级。

线程的优先级由整数值1~10来表示，优先级越高，越先执行；优先级越低，越晚执行；优先级相同时，则遵循队列的"先进先出"原则。有几个与优先级相关的整数常量：

（1）MIN_PRIORITY。它是线程能具有的最小优先级（1）。

（2）MAX_PRIORITY。它是线程能具有的最大优先级（10）。

（3）NORM_PRIORITY。它是线程的常规优先级（5）。

当线程被创建时，优先级默认是由NORM_PRIORITY标识的整数。Thread类中与优先级相关的方法有setPriotity()和getPriotity()。setPriotity()方法用来设置线程的优先级，用一个整数型参数作为线程的优先级，其范围必须在MIN_

PRIORITY和MAX_PRIORITY之间，并且不大于线程的Thread对象所属线程组的优先级。[①]

当一个在可执行状态队列中排队的线程被分配到了CPU等资源而进入运行状态后，这个线程就称为是被"调度"或被线程调度管理器选中了。Java支持一种"抢占式"（Preemptive）调度方式。抢占式和协作式（Cooperative）是相对的概念。所谓协作式，是指一个执行单元一旦获得某个资源的使用权，别的执行单元就无法剥夺其使用权，即使其他线程的优先级更高，而抢占式则与之相反。比如，在一个低优先级线程的执行过程中，来了一个高优先级线程，若在协作式调度系统中，这个高优先级线程必须等待低优先级线程的时间片执行完毕，而抢占式调度方式则不必，它可以直接把控制权抢占过来。

Java的线程调度遵循的是抢占式，因此，为使低优先级线程能够有机会运行，较高优先级线程可以进入"睡眠"（Sleep）状态。进入睡眠状态的线程必须被唤醒才能继续执行。

7.4　控　制　线　程

线程的控制实际上就是改变线程的状态，下面将介绍几种控制线程状态的方式。

7.4.1　放弃运行

线程通过执行yield()方法主动放弃本次执行（Yielding），从"运行"状态转到"就绪"状态，等待调度程序的下一次调度。yield()方法是Thread类的静态方法，该方法可以让一些耗费时间多的线程给别的线程更多的执行机会。注意：

---

① 陈艳平，徐受蓉. Java语言程序设计实用教程[M]. 2版. 北京:北京理工大学出版社，2019.

yield()使线程放弃当前分得的CPU时间，但是不使线程阻塞，即线程仍处于可执行状态，随时可能再次分得CPU时间。调用yield()的效果等价于：调度程序认为该线程已执行了足够的时间，从而转到另一个线程。

7.4.2　挂起

通过执行suspend()方法可以让线程挂起（Suspending），直到其他线程向这个线程发送resume()消息，让其恢复运行。suspend()和resume()方法配套使用，suspend()使得线程进入阻塞状态，并且不会自动恢复，必须其对应的resume()被调用，才能使得线程重新进入可执行状态。典型的，suspend()和resume()被用在等待另一个线程产生的结果的情形：测试发现结果还没有产生后，让线程阻塞，另一个线程产生了结果后，调用resume()使其恢复。

7.4.3　睡眠一段时间

线程调用sleep()方法请求睡眠一段时间（Sleeping），sleep()方法有两种形态，一个是只有一个参数，规定睡眠的毫秒数，另一个方法是两个参数，第一个是毫秒，第二个是毫微秒。

当一个线程睡眠时，线程处于阻塞状态，睡眠时间过去后，线程回到就绪状态。线程调度后将从sleep()方法调用之后的语句继续执行。

7.4.4　阻塞

线程在进行输入/输出时将等待外界提供数据，这种行为称为阻塞（Blocking）。当处于阻塞状态的线程在条件具备时（如进行I/O操作的外部数据已具备），该线程将解除阻塞，进入就绪状态，等待重新调度执行。

7.4.5   关于用户线程和看守线程

在程序中存在两种线程，用户线程（User Thread）和看守线程（Daemon Thread）。一个线程在创建时是何种线程取决于创建它的线程是哪种线程。创建线程后也可以通过如下方法判断它是哪种线程，以及修改线程的类别。

public final boolean isDaemon()

如果线程是看守线程，返回true，否则，返回false。

public final void setDaemon(boolean on)

设置线程为看守线程（on为true）或用户线程（on为false），该方法必须在线程启动前执行。

只有程序存在用户线程时，程序才能保持运行。如果所有的用户线程均终止了执行，则所有看守线程也将结束运行。执行main方法的线程是用户级线程，因此，在main方法中创建的线程默认为用户线程。因此，main方法结束运行时，程序中的其他用户线程将继续执行。如果希望main方法结束时终止整个程序的运行，则可以将所有线程指定为看守线程。

7.5   多线程同步

7.5.1   线程的异步与同步

所谓线程同步，就是指多个线程之间协调使用共享资源的一种方式，也就是说，它能在并发操作中协调管理临界区，从而避免混乱，保证数据的一致性。下面来看看线程同步的例子。

例7-3   两个线程共享一个目标对象，并同时修改该对象中的数据。

```
public class Demo {
    public static void main(String[]args)
```

```
{        Num num =new Num();                              //目标对象
         new Thread(num,"threadA").start();      //线程threadA
         new Thread(num,"threadB").start();      //线程threadB
}
}
class Num implements Runnable{
    int x=0;
    public void run()
    {        Thread t=Thread.currentThread();
             for(int i=l;i<=5;i++)
             {        System.out.print(t.getName());
                      System.out.print(": x="+x+"; x++;");
                      x++;
                      try{Thread.sleep(500);}
                      catch(InterruptedException e){}}
                      System.out.print("x="+x+'.'+'\n');
             }
    }
}
```

运行结果：

threadBthreadA: x=0; x++;: x=0; x++; x=2. x=2.

threadAthreadB: x=2; x++;: x=2; x++; x=4.

threadA x=4.

threadB: x=4; x++;: x=4; x++; x=6.

x=6.

threadBthreadA: x=6; x++;: x=6; x++; x=8.

x=8.

threadBthreadA: x=8; x++;: x=8; x++; x=10.

x=10.

从程序中了解到，类Num中的线程体run()的任务是：每次循环读取x的值，对x加1，休眠半秒，再次读取x的值，这是一个完整的事务过程。线程对象threadA与threadB都以类Num的实例num作为目标对象，因此它们共享这个对象，并一起修改对象中的数据x。运行结果中第一行显示，线程threadA读取了x的值，对x进行加法操作后休眠，这时线程threadB读取了x的值，也就是说，线程threadA的一次完整事务中插入了线程threadB的操作。运行结果的最后一句x=10是线程threadA的读取结果。可以看到，两个线程同时操作一个对象，一个线程在读取它的值，另一个线程在修改它的值，因此造成了输出结果的混乱。

多个线程对同一数据进行并发读写（至少有一个线程在进行写的操作，同时存在一个在读线程），这种情形称为竞争，竞争会导致数据读或写的不确定性。对于例7-3，用户可以把class Demo修改为如下程序，让100个线程同时执行，将会看到更为混乱的输出结果。

```
public class Demo {
    public static void main(String[]args)
    {        Num num=new Num();
             for(int i=1;i<=100;i++)
                     new Thread(num).start();
    }
}
```

Java允许建立多线程，必然会出现多个线程同时访问一个变量或一个对象的情况。这也是用户在实际操作中常常会碰到的，例如，对于同一个文件，一个线程在读取它的内容，而另一个线程正在写入它的内容；或者对于同一个银行账户，一个操作者正在进行存款操作，而另一个操作者正在进行取款操作；或者几十个用户同时修改数据库的数据。这里所涉及的文件、账户、数据库，其实就是多个线程在某个特定的时刻共享的资源，称为临界区。当多个线程对它们进行并发操作时，如果不加以控制，一般都会引起冲突，使数据出现不一致的现象。

7.5.2　synchronized关键字

在并发程序设计中，为了避免竞争引起的冲突，程序号通常使用同步机制（锁机制）来实现访问的互斥。简单来说，线程在进入临界区时，可以为临界区加一把"锁"，锁住临界区，当该线程使用完毕就把锁去掉，让别的线程使用。但是在锁住临界区的这段时间里，该线程独自占有临界区，其他线程不能进入，从而保证数据的一致性。

在Java中，加锁是通过关键字synchronized实现的。synchronized可以"锁住"一个对象，或"锁住"一段代码。格式如下：

synchronized(A){S;}   //将对象A设为临界资源，S是简单或复合语句，即临界区

synchronized方法声明   //将整个方法设为临界区

使用synchronize修饰的方法，称为同步方法。当一个线程在调用同步方法时，所有试图调用该同步方法（或其他同步方法）的目标对象的其他线程必须等待，只有该线程结束了，同步方法的锁才会自动释放。下面使用同步机制重写例7-3。

例7-4 "锁住"当前对象，将对它的操作设为临界区。

```java
public class Demo {
    public static void main(String[]args)
    {       Num num=new Num();
            new Thread(num,"threadA").start();
            new Thread(num,"threadB").start();

    }
}
class Num implements Runnable{
    int x=0;
    public void run()
    {       synchronized(this)
            {
//"锁住"当前对象
                Thread t=Thread.currentThread();
                for(int i=1;i<=5;i++)
                {       System.out.print(t.getName());
                        System.out.print(": x="+x+"; x++;");
                        x++;
                        try{Thread.sleep(5);}
                        catch(InterruptedException e){}
                        System.out.print("x="+x+'.'+'\n');
```

```
                    }
                }
            }
        }
```

程序运行结果：

threadA:x=0;x++;x=1.

threadA:x=1;x++;x=2.

threadA:x=2;x++;x=3.

threadA:x=3;x++;x=4.

threadA:x=4;x++;x=5.

threadB:x=5;x++;x=6.

threadB:x=6;x++;x=7.

threadB:x=7;x++;x=8.

threadB:x=8;x++;x=9.

threadB:x=9;x++;x=10.

例7-5 因为希望run()方法的操作过程不被打扰，所以run()方法被设为同步方法。

```java
public class Demo{
    public static void main(String[]args)
    {       Num num=new Num();
            new Thread(num,"threadA").start();
            new Thread(num,"threadB").start();
    }
}
class Num implements Runnable {
    int x=0;
    public synchronized void run()
    {       Thread t=Thread.currentThread();
            for(int i=1;i<=5;i++)
            {       System.out.print(t.getName());
                    System.out.print(": x="+x+"; x++;");
                    x++;
```

```
                    try{Thread.sleep(5);}
                    catch(InterruptedException e){}
                    System.out.print("x="+x+'.'+'\n');
                }
            }
        }
```

程序运行结果：

threadA:x=0;x++;x=1.

threadA:x=1;x++;x=2.

threadA:x=2;x++;x=3.

threadA:x=3;x++;x=4.

threadA:x=4;x++;x=5.

threadB:x=5;x++;x=6.

threadB:x=6;x++;x=7.

threadB:x=7;x++;x=8.

threadB:x=8;x++;x=9.

threadB:x=9;x++;x=10.

可以看到，在同步方法中即使使用了sleep()方法，线程也不会让出CPU的使用权，只有当同步方法执行完毕，才会自动释放锁。以下是关于同步机制的几点注意事项：

（1）synchronized关键字字面上是"同步"的意思，用于定义同步的代码块，但实际上它是在并发操作中实现互斥机制。

（2）同步互斥是对象级的，也就是只有操作于相同目标对象上的同步方法才会互斥。

（3）对目标对象的互斥访问只存在于同步代码之间，对于非同步代码是无效的。也就是说，在同步方法访问临界区时，同一对象的同步方法不可以访问该临界区，但该对象的非同步方法却可以访问临界区。

7.5.3　线程间的协作

下面来看一个例子。假设儿子在A城读书，与父亲共用一个账户，每月由父亲在B城存入5000元，儿子在A城取出5000元。这里涉及三个类。

（1）银行账户：Account，包含了账户名称、余额信息，以及存款与取款方法。

（2）儿子：是一个实现Runnable接口的类，run()方法只包含了对账户的5次取款操作，每次取5000元，每取一次休息半秒。

（3）父亲：是一个实现Runnable接口的类，run()方法只包含了对账户的5次存款操作，每次存5000元，每存一次休息半秒。

为了避免父亲在存款时与儿子在取款时所引起的数据不一致，取款与存款操作被设为同步方法。

例7-6　取款与存款同步的示例。

```java
public class Demo{
    public static void main(String[]args) {
            Account a=new Account("Zhangsan",0);//目标对象a
            new Thread(new Father(a)). start();
            new Thread(new Son(a)).start();
    }
}
class Account{//账户类
    private double balance;
    private String name;
    Account(String name,double b)
    {this.name=name;balance=b;}
    public synchronized void save(double d){
            balance+=d;
            try {Thread.sleep(500);}catch(InterruptedException e){}
            System.out.println("Save:"+d+";balance is "+balance);
    }
    public synchronized void take(double d){
```

```
                balance-=d;
                try {Thread.sleep(500);}catch(InterruptedException e){}
                System.out.println("take:"+d+" ;balance is "+balance);
        }
}
class Son implements Runnable{///儿子线程类
    private Account a;
    Son(Account a){this.a=a;}
    public void run(){
            for(int i=0;i<5;i++)a.take(5000);
    }
}
class Father implements Runnable{//父亲线程类
    private Account a;
    Father(Account a)(this.a=a;}
    public void run(){
            for(int i=0;i<5;i++)a.save(5000);
    }
}
```

某次操作的运行结果：

take:5000.0;balance is － 5000.0

take:5000.0;balance is － 10000.0

take:5000.0;be1ance is － 15000.0

take:5000.0;ba1ance is － 20000.0

Save:5000.0;balance is － 15000.0

Save:5000.0;ba1ance is － 10000.0

Save:5000.0;ba1ance is － 5000.0

Save:5000.0;balance is 0.0

可以看到，虽然将存款和取款的操作设为同步方法，避免了对临界区（账户）操作竞争引起的冲突，但是，出现了儿子类在余额不足的情况下提取现金的错误，怎么解决这个问题呢？

在现实中，儿子在取款操作时，如果发现余额不足，他就会终止操作并与父亲沟通，父亲在完成了存款操作后通知儿子，这时儿子才可以完成未完成的取款操作。也就是说，双方应该进行一定的协助沟通。同样的，在程序中，在儿子执行的取款同步方法中也应该测试取款前提条件，如果没有达到条件，则让出CPU并等待。如果父亲执行完毕存款的同步方法，则通知等待中的儿子完成取款操作。也就是，使用同步方法的线程之间应该引入协作机制。

Java提供了wait()、notify()和notifyAll()方法，用于线程间的通信。注意，这三个方法只能直接或间接地用于临界区内，否则将产生IllegalMonitorStateException异常。此外，这三个方法都是Object类中的final方法，可以被所有的类继承，但不允许被重写。wait()方法会暂停当前线程的执行，并释放所加的锁，进入等待状态；notify()方法将唤醒一个等待中的线程；而notifyAll()方法将唤醒所有等待中的线程。下面使用wait()和notify()方法改写例7-6。

例7-7　在同步方法中使用wait()和notify()方法改写例7-6程序。

```java
public class Demo {
    public static void main(String[]args) {
        Account a=new Account("Zhangsan",0);
        new Thread(new Father(a)).start();
        new Thread(new Son(a)).start();
    }
}
class Account{
    private double balance;
    private String name;
    Account(String name,double b)
    {this.name=name;balance=b;}
    public synchronized void save(double d){
        while(balance>=5000)
            try {wait();}catch(InterruptedException e){}
        balance+=d;
        try{Thread.sleep(500);} catch(InterruptedException e){}
        System.out.println("Save:"+d+";balance is "+balance);
        notify();
```

```
        }
    public synchronized void take(double d){
            while(balance<5000)
            try{wait();}catch(InterruptedException e){}
            balance-=d;
            try{Thread.sleep(500);}catch(InterruptedException e){}
            System.out.println("take:"+d+";balance is "+balance);
            notify();
        }
}
class Son implements Runnable{
    private Account a;
    Son(Account a){this.a=a;}
    public void run(){
            for(int i=0;i<5;i++)a.take(5000);
    }
}
class Father implements Runnable{
    private Account a;
    Father(Account a){this.a=a;}
    public void run(){
            for(int i=0;i<5;i++)a.save(5000);
    }
}
```

程序运行结果：

Save:5000.0;balance is 5000.0

take:5000.0;balance is 0.0

Save:5000.0;balance is 5000.0

take:5000.0;balance is 0.0

Save:5000.0;balance is 5000.0

take:5000.0;balance is 0.0

Save:5000.0;balance is 5000.0

take:5000.0;balance is 0.0

Save:5000.0;balance is 5000.0

take:5000.0;balance is 0.0

7.5.4 线程的挂起

所谓挂起线程，就是暂停当前线程的运行，让别的线程运行了一段时间后，再恢复本线程的运行。有好几种方法可以实现线程的挂起：sleep(n)、wait()、join()。sleep(n)方法在非同步方法中使用，但是需要有准确的休眠时间；wait()方法在临界区中使用，需要等待其他线程的唤醒。如果A线程需要让B线程优先运行，则这时可以使用join()方法，也就是在A的线程体中加入B.join()的语句。

例7-8 本例使用了join()方法，此时主线程让线程th1优先运行，线程th1运行完毕，主线程再继续运行。读者可以尝试去掉加了注释的句子，比较一下不同的运行结果。

```java
import java.util.*;
public class Demo {
    public static void main(String[]args)
    {       int n=0;
            CreateNumber tag=new CreateNumber();
            Thread th1=new Thread(tag);
            th1.start();
            for(int i=65;i<70;i++)
            {       System.out.println((char)(i));
            try{Thread.sleep(5);}
            catch(InterruptedException e){}
            }
            try{th1.join();}catch(InterruptedException e){}     //让th1线程优先
运行
            System.outprintln("main thread over");
    }
```

```
}
class CreateNumber implements Runnable{
    protected int num;
    public void run()
    {       for(int i= 1;i<=5;i++)
            {       num=(int)(Math.random()*100);
                    System.out.println(num);
            }
    }
}
```

程序运行结果：

A

59

22

90

27

72

B

C

D

E

main thread over

其实，join()方法有以下三种格式。

（1）voidjoin()。它指等待线程执行完毕。

（2）void join(long timeout)。它最多等待timeout毫秒的时间让线程完成。

（3）void join(long milliseconds,int nanoseconds)。它最多等待milliseconds毫秒+nanoseconds纳秒的时间让线程完成。

7.6　线程之间互相通信

多个线程协作处理会有一方线程等待另一方线程的部分处理结束的时候。这时，需要线程间的互相通信来协调，线程通信使用java.lang.Object类的wait、notify/notifyAll方法。

（1）public final void wait()方法。调用wait()方法，会使线程停止处理，进入等待状态。即使线程拥有锁，由于得不到期望的数据，也只能放弃锁，而让另一个线程工作。

（2）public final void notify()/notifyAll()方法。notify()方法是唤醒因wait()方法而进入等待状态的线程的方法。因wait()方法而等待的线程集合称为等待集合。wait()方法会唤醒等待集合中的一个线程。具体选择哪一个线程由Java虚拟机调度，不能在程序中指定。notifyAll()方法会唤醒集合中所有的线程。

【注意】调用wait()和notify()/notifyAll()的时候必须取得相应的对象锁，也就是说必须在synchronized块或是synchronized()方法内，否则会抛出IllegalMonitorStateException例外。

例7-9　程序是多线程利用一个队列（Queue）进行输入/输出的程序，在这个程序中演示通过线程通信解决线程的协调问题。

多线程通信程序：QuerteTest.java。

```java
import java.util.LinkedList;
import java.util.Iterator;
public class QueueTest{
    public static void main(String[] args){
        Queue queue=new Quevie ();
        new Producer(queue).start();
        new Consumer(queue).start();
    }
}
class Queue{
    private LinkedList queue;
    static private final int SIZE=3;
```

```
public Queue(){
        queue=new LinkedList();
}
synchronized public void put(Object obj){
        while(queue.size()>=SIZE) {
                        System.out. println (obj+ "追加,"+"队列数据满。等
待");
                        try{
                                wait ();
                        } catch(InterruptedException e){}
        }
        queue.addFirst(obj);
        printList();
        System.out.println (obj+"追加至队列");
        notifyAll();
}
synchronized public Object get() {
        while(queue.size()==0) {
                System.out.println ("取数据,"+"队列数据空。等待");
                try {
                        wait ();
                } catch(InterruptedException e)}
        }
        Object obj=queue.removeLast();
        printList();
        System.out.println (obj+"从队列中取出。 ");
        notifyAll();
        return obj;
}
synchronized public void printList() {
        System.out.print("[");
        for(Iterator i=queue.iterator(); i.hasNext();){
```

```java
                System.out.print(i.next()+"");
            }
            System.out.print("]");
    }
}
class Producer extends Thread {
    private Queue queue;
    public Producer(Queue queue) {
            this.queue=queue;
    }
    public void run() {
            for(int i=0;i<100;i++){
                    try {
                            Thread.sleep((long)(Math.random()*1000));
                    } catch (InterruptedException e){}
                    queue.put(new Integer(i));
            }
    }
}
class Consumer extends Thread {
    private Queue queue;
    public Consumer(Queue queue) {
            this.queue=queue;
    }
    public void run (){
            for (int i=0;i<100;i++) {
                    try{
                            Thread.sleep((long)(Math.random()*1000));
                    } catch (InterruptedException e) {}
                    Object obj =queue.get();
            }
    }
}
```

程序定义了QueueTest类、Producer类、Consumer类和Queue类。

（1）QueueTest类是主程序。创建一个Queue类的实例，启动对Queue进行操作的Producer类和Consumer类的两个线程。

（2）Producer类是把数据保存在队列的类。把100个数据保存到队列里，保存数据的时候，不进行队列状态检查。

（3）Consumer类是从队列中取出数据的类。从队列中取出100个数据，取出数据时不进行队列的状态确认。

（4）Queue类是表示队列的类。内部使用LinkedList保存数据。设定的保存数据个数最多为3，提供追加数据的put()方法和取出数据的get()方法。这些方法为保证多线程操作，实现了同步处理（LinkedList不是线程安全方法，所以让LinkedList被多个线程同时访问，必须使用synchronized）。但是，在队列满的时候调用put()方法、空的时候调用get()方法时需要怎么做呢？抛出例外是其中一个解决办法，在这里使用wait()方法，等待达到满足处理条件的状态。

首先看看put()方法的开始部分。

```
synchronized public void put(Object obj){
    while(queue.size()>=3){
        System.out.println (obj+"追加, "+"队列数据满。等待");
        try{
            wait();
        } catch (InterruptedException e){}
    }
```

队列的上限是3，在不能保存数据的状态时，打印相应信息调用并调用wait()方法。wait()方法会释放已获得的对象锁，因此其他线程可以运行synchronized方法的put()和get()。

在这里假设其他线程运行get()方法（如果运行put方法，则也会满足不了运行条件，而进入wait状态），get()方法首先检查运行条件，此时队列中有数据，所以继续运行。

```
synchronized public Object get() {
    while(queue.size()==0){
        System.out.println ("取数据,"+"队列数据空。等待");
        try {
            wait();
```

```
            } catch (InterruptedException e) {}
        }
    }
```

之后的运行语句，是从队列中取出数据，打印出队列的状态和信息。

Object obj=queue.removeLast();

printList();

System.out.println (obj+"从队列中取出。");

取出数据后，调用notifyAll()方法，唤醒因wait()方法而进入等待状态的线程。

notifyAll();

被唤醒的线程并不是立刻可以运行，线程需要再次取得对象锁。但是，调用notifyAll的线程此时还保留着对象锁，直到线程运行完synchronized块才释放对象锁，这时，被唤醒的线程才可以得到对象锁。

要注意的是，wait()方法进入的等待状态和等待锁释放的状态是完全不同的两个状态。等待集合的线程会因为notify、notifyAll、interrupt的方法退出等待集合。退出时，必须再次取得对象锁，如果不能取得，会进入等待锁释放状态。

对加上wait()方法中的状态后的线程迁移状态如图7-2所示。

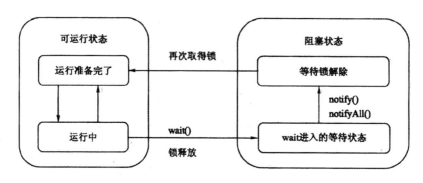

图7-2　修改后的线程迁移状态部分图

但是，为什么在put()和get()方法中没有使用notify()而是使用了notifyAll()方法，因为如果notify()方法唤醒的线程不能满足运行条件，会再次进入wait状态而形成死锁，而notifyAll()方法会唤醒所有等待线程，其中必定会有一个以上线程能满足运行条件。

8　Java图形用户界面

随着计算机应用程序开发技术的发展，对软件人机交互的需求也越来越趋向于界面化。仅仅依靠控制台或命令行方式进行人机交互已经满足不了现代程序设计的需要，作为跨平台开发程序的代表，Java语言同样提供了强大而丰富的图形用户界面开发包，以适应不同平台间桌面程序设计的需求。使用图形界面开发包设计的程序摆脱了命令行输入数据和输出结果的单调与局限，进入了桌面图形程序设计的新时代。

8.1　概　　述

图形用户界面（Graphics User Interface，GUI）不仅可以提供各种数据的直观图形表示方式，而且可以建立友好的人机交互方案，从而使计算机软件操作简单方便，进而推动计算机迅速地进入普通家庭，并逐渐成为日常生活和工作的有力助手。从程序设计角度来说，图形用户界面通过图形框架（窗口）的方式借助菜单、按钮等标准界面元素和鼠标操作，能够方便地向计算机系统发出命令，并将系统运行的结果同样以图形框架（窗口）的方式显示出来。

Java语言提供了专门的类库和开发包来创建各种标准图形界面元素和处理图形界面的各种事件。在Java SE的早期版本中，Java抽象窗口工具包（Abstract Window Toolkit，AWT）的java.awt包提供了大量用来创建GUI的类，通过实例化这些类的对象组合起来并形成图形用户界面。这些图形用户界面大部分可以跨平台显示交互，但java.awt包中的类封装的功能还不是很完善，缺少基本的剪贴板和打印支持功能。随着Java开发工具的不断完善，在Java AWT的基础上形成了Swing图形界面，增加了javax.swing包。javax.swing包提供的类将java.awt包中的许多类进行了继承扩充，不仅增强了功能，而且跨平台显示性能更加完善，减小了由于操作系统不同所带来的图形界面或交互方式上的差别。除了必须使用java.awt包中的类之外，现在所有的GUI设计都采用javax.swing包中的类创建图形界面实例对象。

简单来说，图形用户界面就是一组图形界面成分和界面元素的有机组合，这些成分和元素之间不但在外观上有着包含、相邻和相交等物理关系，内在上也有包含和调用等逻辑关系。它们相互作用和传递消息，共同组成一个能响应特定事件、具有一定功能的图形用户界面系统。

设计和实现图形用户界面的工作主要有两个方面：

（1）创建组成界面的各成分和元素对象，指定它们的属性和位置关系，根据具体需要排列整齐，从而构成完整的图形用户界面的物理外观。

（2）定义图形用户界面的各种成分和元素对象对不同事件的响应，从而实现人机交互功能。Java语言程序中，设计图形用户界面的各种成分和元素主要有组件、容器和自定义元素三种。

8.1.1　组件

Java中构成图形用户界面成分和元素的最基本部分是组件，组件是一个可以以图形化的方式显示在屏幕上并能与用户进行交互的对象，如一个按钮、一个标签或一个复选框等。有些组件不能独立显示出来，必须将组件放在指定的容器组件相应位置处才可以显示出来。

java.awt.Component类是大部分组件类的超类，它是一个抽象类，程序设计中使用的组件都是Component类的子类。Component类封装了组件通用的属性和方法，如组件对象的大小、显示位置、背景色、前景色、边界和可见性等，各种组件对象也继承了Component类的数据成员和成员方法。Component类的常用方法见表8-1所列。

表8-1 Component类的常用方法

方法	说明
void setBackground(Color c)	用Color对象设置组件的背景色
Color getBackground()	获得组件的背景色，返回Color对象
void setFont(Font f)	用Font对象设置组件上文本的字体
Font getFont()	获得组件上文本的字体，返回字体对象
void setSize(int width,int height)	用width和height值设置组件的宽度和高度
void setLocation(int x, int y)	设置组件在容器中的坐标位置
void setBounds(int x,int y,int width,int height)	设置组件在容器中的坐标位置和大小
void setEnable(boolean b)	设置组件是否可被激活，默认是激活的
void setVisible(boolean b)	设置组件在容器中的可见性，默认是不可见的
void setCursor(Cursor c)	使用Cursor对象设置鼠标指针指向组件时的光标形状

8.1.2 容器

容器是可以放置和组织图形界面各种成分和元素的单元，一般来说，呈现在用户面前的首先是一个容器对象，在这个容器对象中再包含其他的容器和组件。从本质上来说，容器本身也是一个组件，即容器是放置组件的组件，Java语言的类继承层次结构也是把容器作为组件Component类的子类来封装的。java.awt.Container类是所有容器类的超类，Java程序中的各种容器都是Container类的子类，如窗口、对话框和滚动面板等。组件对象是不能随意放置到容器中的，如一个按钮放置到一个对话框中要事先确定好大小和位置。java.awt.LayoutManger接口的许多实现类封装了放置组件对象到容器中指定位置和大小的功能方法。组件和容器的默认坐标系中，横坐标x和纵坐标y的单位为像素（pixel），左上角坐标点为（0，0），横坐标向右增大，纵坐标向下增大，如图8-1所示。

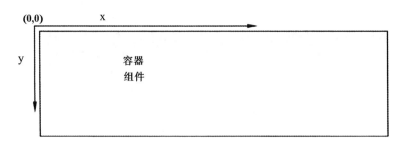

图8-1 组件和容器的坐标系

Container类除了继承Component类的属性和方法外，增加了容器组件通用的属性和方法，如向容器对象中添加组件、移走已经添加的组件等。Container类只有一个空的无参数的构造方法，用于创建一个通用容器。

public Container();

Container类的常用方法见表8-2所列。

表8-2 Container类的常用方法

方法	说明
Component add(Component comp)	将组件对象comp添加到当前容器中的最后位置
void paint(Graphics g)	使用Graphics对象g在容器中绘制自定义元素
void remove(Component comp)	从当前容器中移走组件对象comp
void setFont(Font f)	用Font对象设置容器上文本的字体
void setLayout(LayoutManager mgr)	使用布局管理器对象mgr设置当前容器的布局
void update(Graphics g)	在容器中更新并绘制自定义元素
void validate()	确保组件在当前容器中恰好布局完整

8.1.3 自定义元素

Java语言封装了标准的图形用户界面组件，通过继承实现个性化的组件对象。除标准的组件外，Java语言还可以根据实际需要设计一些自定义的组件对象，如绘制几何图形、绘制字符串或使用标志图案等。自定义的组件元素一般只能起到装饰和美化容器和组件的作用,不能响应事件,不能进行交互。

总之,组件、容器和自定义元素是图形用户界面的组成部分。在图形用户界面程序设计中,要求按照一定的布局方式将组件、容器和自定义元素添加到给定的容器中。这样,通过组件、容器和自定义元素的组合就形成图形用户界面,然后通过事件处理方式实现在图形用户界面上的人机交互。

8.2　Swing　组　件

8.2.1　按钮

按钮在Swing中可使用JButton类来创建,JButton类中常用的方法见表8-3所列。在窗体上放置一个按钮非常简单,只需创建JButton对象,然后利用JFrame.add方法加入即可。JFrame默认的布局是BorderLayout,添加进去的按钮大小会随着窗口的大小改变而改变。因此按钮可以先被放到JPanel上,JPanel采用FlowLayout布局,将JPanel对象放到JFrame窗体上,如例8-1程序ButtonDemo.Java所示,当然也可将窗体的布局设置为FlowLayout,然后直接在窗体上放置按钮。

表8-3　JButton中常用的方法

方法	功能描述
JButton(String text) JButton(Icon icon) JButton(String text,Icon icon)	构造方法,创建按钮。text是按钮上的文字,icon是按钮上的图标
void setText(String s) String getText()	设置或获取按钮上的文字
void setIcon(Icon defaulticon) Icon getIcon()	设置或获取按钮上的图标

续表

方法	功能描述
void setMnemonic(int mnemonic)	设置按钮的键盘助记符。例如，如果设置为 KeyEvent.VK_P，那么按下Alt+P相当于点击按钮
void addActionListener(ActionListener 1) void removeActionListener(ActionListener 1) ActionListener[] getActionListeners()	添加、移除或获取按钮监听器。参数1是要添加或者移除的监听器

为了处理按钮事件，需要给按钮对象指定动作监听器。在例8-1的程序ButtonDemoJava中，ButtonDemo类实现了ActionListener接口，所以ButtonDemo类型的对象可以作为按钮的动作监听器。为按钮button 1指定动作监听器的代码如下：

button 1.addActionListener(this);

ActionListener接口中有方法actionPerformed，当按钮事件激发时，这个方法中的代码将被执行。

例8-1   ButtonDemo.Java的代码示例。

```java
import java.awt.*;
import java.awt.event.*;
import javax.swing.*;
public class ButtonDemo extends JPanel implements ActionListener {
    JButton button1,button2;
    //构造方法创建两个按钮
    ButtonDemo(){
            //创建按钮
            button1 =new JButton("按钮1-按我");
            //设置键盘助记符
            button1.setMnemonic(KeyEvent.VK_1);
            //设置按钮事件监听器
            button1.add ActionListener(this);
            //放置按钮到窗体上
            this.add(button1);
            //创建按钮
```

```
        button2=new JButton("按钮2-按我");
        //设置键盘助记符
        button2.setMnemonic(KeyEvent.VK_2);
        //设置按钮事件监听器
        button2.add ActionListener(this);
        //放置按钮到窗体上
        this.add(button2);
}
//事件处理方法
public void actionPerformed(ActionEvent e){
        //如果第一个按钮被按下
        if (button1==e.getSource()){
                JOptionPane.showMessageDialog(this,"按钮1被击中。");
        }
        //如果第二个按钮被按下
        else if(button2==e.getSource()){
                JOptionPane.showMessageDialog(this,"按钮2被击中。");
        }
}
//创建图形用户界面，并显示
//为了线程安全，这个方法应该从事件调度线程中调用
private static void createAndShowGUI(){
        //创建并设置窗体
        JFrame frame = new JFrame("ButtonDemo");
        //设置窗体关闭时执行的动作
        frame.setDefaultCloseOperation(JFrame.EXIT_ON_CLOSE);
        ButtonDemo pane=new ButtonDemo();
        frame.add(pane);
        //设置窗体大小
        frame.setSize(250,200);
        //显示窗体
        frame. setVisible(true);
```

```
        }
    public static void main(String[] args) {
            //为事件调度线程安排一个任务
            //创建并显示这个程序的图形用户界面
            Javax.swing.SwingUtilities.invokeLater(new Runnable() {
                    public void run(){
                            createAndShowGUI();
                    }
                }
            }
    }
}
```

程序执行结果如图8-2所示。

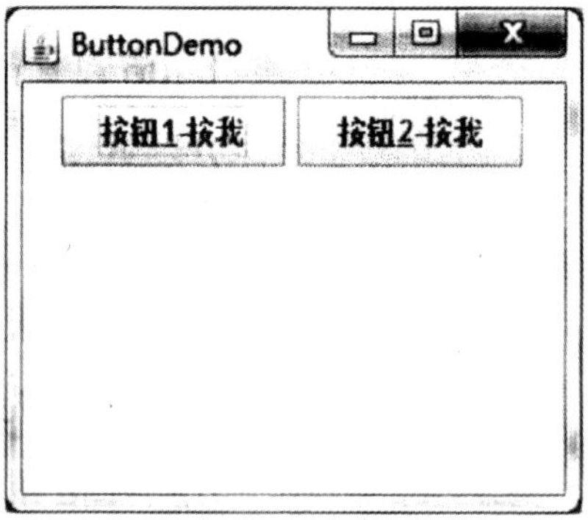

图8-2 例8-1的运行结果

8.2.2 标签

JLabel标签用于文本字符串或图像或二者的显示，其常用的方法见表8-4所列。标签不对输入事件做出反应，因此，它无法获得键盘焦点。JLabel标签可以通过设置垂直和水平对齐方式，指定标签显示区中的标签内容在何处对齐。默认情况下，标签在其显示区内垂直居中对齐。默认情况下，只显示文本的标签是左对齐；而只显示图像的标签则水平居中对齐。使用setIconTextGap方法指定文本和图像之间应该出现多少像素，默认情况下为四个像素。标签中的文字支持HTML，为方便期间可以将大段的格式化文字使用标签来显示。

表8-4　JLabel中常用的方法

方法	功能描述
JLabel() JLabel(Icon image) JLabel(Icon image,int align) JLabel(String text) JLabel(String text,Icon image,int align) JLabel(String text,int align)	构造方法，创建标签对象，并使用指定的字符串text，图标image以及对齐方式align初始化标签。align的取值可为LEFT、CENTER、RIGHT、LEADING和TRAILING
void setText(String text) String getText()	设置和获取字符串
void setIcon(Icon image) Icon geIcon()	设置和获取图标
void setIconTextGap(int n) int getIconTextGap()	设置和获取图标与文字之间的间距

我们可以在JLabel的构造方法中指定文字内容、图标以及对齐方式等。下面的代码创建了三个标签：第一个是图标和文字标签，第二个是纯文字标签，第三个是仅图标的标签。为了显示标签组件的大小，标签的背景颜色被设置为青色(Color.CYAN)。需要注意的是，默认情况下标签组件背景是透明的，设置背景色不会引起外观的改变。如果希望设置背景颜色，首先需要调用setOpaque(true)方法，将之设置为不透明。

```
JLabel label;
//创建图标和文字标签
label = new JLabel("图标和文字标签",icon,JLabel.CENTER);
//设置为不透明
label.setOpaque(true);
//设置背景色为青色
label.setBackground(Color.CYAN);
//添加标签组件
pane.add(label);
```

```
//纯文字标签的创建和添加
label= new JLabel("纯文字标签");
label.setOpaque(true);
label.setBackground(Color.CYAN);
pane.add(label);
//纯图标标签的创建和添加
label= new JLabel(icon);
label.setOpaque(true);
label.setBackground(Color.CYAN);
pane.add(label);
```

代码的执行结果如图8-3所示。

图8-3　三种不同类型的标签

8.2.3　单选按钮

单选按钮的按钮项可被选择或取消选择，可为用户显示其状态。单选按钮与ButtonGroup对象配合使用可创建一组按钮，一次只能选择其中的一个按钮。具体方法为创建一个ButtonGroup对象，并用add方法将JRadioButton对象包含在此组中。需要注意的是，ButtonGroup对象为逻辑分组，不是物理分组，要创建按钮面板，仍需要创建一个JPanel或类似的容器来放置单选按钮。

用户点击一个单选按钮时（即使它已经处于选中状态），按钮会触发ActionEvent事件，因此需要使用事件监听器来处理触发事件。事件监听器应该实现接口ActionListener。此接口中的方法为actionPerformed。设置单选按钮以及其事件处理方法如例8-2中的程序RadioButtonDemo.Java所示。

例8-2　设置单选按钮以及其事件处理方法示例。

```
import java.awt.*;
import java.awt.event.*;
import javax.swing.*;
public class RadioButtonDemo extends JPanel implements ActionListener{
    JLabel label;
    RadioButtonDemo(){
            super(new BorderLayout());
            //第一个单选按钮
            JRadioButton radio1= new JRadioButton("单选按钮1");
            radio1.setActionCommand("单选按钮1的命令");
            radio1.setSelected(true);
            //第二个单选按钮
            JRadioButton radio2=new JRadioButton("单选按钮2");
            radio2.setActionCommand("单选按钮2的命令");
            //第三个单选按钮
            JRadioButton radio3=new JRadioButton("单选按钮3");
            radio3.setActionCommand("单选按钮3的命令");
            //将单选按钮聚为一组
            ButtonGroup group=new ButtonGroup();
            group.add(radio1);
            group.add(radio2);
            group.add(radio3);
            //为单选按钮注册事件监听器
            radio1.add ActionListener(this);
            radio2.addActionListener(this);
            radio3.addActionListener(this);
            //将三个单选按钮添加到一个Panel中
            JPanel radioPanel=new JPanel(new GridLayout(1,3));
            radioPanel.add(radio1);
            radioPanel.add(radio2);
            radioPanel.add(radio3);
```

```
            this.add(radioPanel,BorderLayout.CENTER);
            //纯文字标签的创建和添加
            label=new JLabel("初始文字");
            this.add(label,BorderLayout.SOUTH);
    }
    //按钮被选中时的处理方法
    public void actionPerformed(ActionEvent e){
            label.setText("被选中的单选框命令为："+ e.getActionCommand());
    }
    //创建图形用户界面，并显示
    //为了线程安全，这个方法应该从事件调度线程中调用
    private static void createAndShowGUI(){
            //创建并设置窗体
            JFrame frame=new JFrame("RadioButtonDemo");
            frame.setDefaultCloseOperation(JFrame.EXIT_ON_CLOSE);
            //设置内容区
            frame.setContentPane(new RadioB uttonDemo());
            //自动调整窗体大小
            frame.pack();
            //显示窗体
            frame.setVisible(true);
    }
    public static void main(String[] args){
            //为事件调度线程安排一个任务
            //创建并显示这个程序的图形用户界面
            Javax.swing.SwingUtilities.invokeLater(new Runnable(){
                    public void run() {
                            createAndShowGUI();
                    }
            };
    }
}
```

程序的运行结果如图8-4所示。

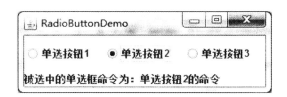

图8-4 例8-2的运行结果

8.2.4 复选框

复选框与单选按钮非常相似，但有两点不同：第一，复选框可以多选；第二，复选框选择状态改变时触发ItemEvent，而单选按钮是触发ActionEvent。处理ItemEvent的接口是ItemListener。ItemEvent对象除了可以使用getSource方法获取触发事件的复选框，还可以使用getItemSelectable方法获取触发事件的复选框。

设置复选框以及其事件处理方法如例8-3中的程序CheckBoxDemo.Java所示。

例8-3 设置复选框以及其事件处理方法示例。

```java
import java.awt.*;
import java.awt.event.*;
import javax.swing.*;
public class CheckBoxDemo extends JPanel implements ItemListener{
    JLabel label;
    JCheckBox check1,check2;
    CheckBoxDemo(){
        super(new BorderLayout());
        //第一个复选按钮
        check1=new JCheckBox("是否换行");
        //第二个复选按钮
        check2=new JCheckBox("是否大写");
        //为复选按钮注册事件监听器
```

```
        check1.addItemListener(this);
        check2.addItemListener(this);
        //将复选按钮添加到一个Panel中
        JPanel checkPanel=new JPanel(new GridLayout(1,2));
        checkPanel.add(check1);
        checkPanel.add(check2);
        this.add(checkPanel,BorderLayout.CENTER);
        //纯文字标签的创建和添加
        label=new JLabel("初始文字");
        this.add(label,BorderLayout.SOUTH);
    }
//按钮被选中时的处理方法
public void itemStateChanged(ItemEvent e){
        JCheckBox box=(JCheckBox)e.getItemSelectable();
        label.setText(box.getText()+"状态为:"+box.isSelected());
    }
//创建图形用户界面，并显示
//为了线程安全，这个方法应该从事件调度线程中调用
private static void createAndShowGUI() {
        //创建并设置窗体
        JFrame frame=new JFrame("CheckBoxDemo");
        frame.setDefaultCloseOperation(JFrame.EXIT_ON_CLOSE);
        //设置内容区
        frame.setContentPane(new CheckBoxDemo());
        //自动调整窗体大小
        frame.pack();
        //显示窗体
        frame.set Visible(true);
    }
public static void main(String[] args) {
        //为事件调度线程安排一个任务
        //创建并显示这个程序的图形用户界面
```

```
Javax.swing.SwingUtilities.invokeLater(new Runnable(){
        public void run() {
                createAndShowGUI();
        }
    }
}
```

程序运行结果如图8-5所示。

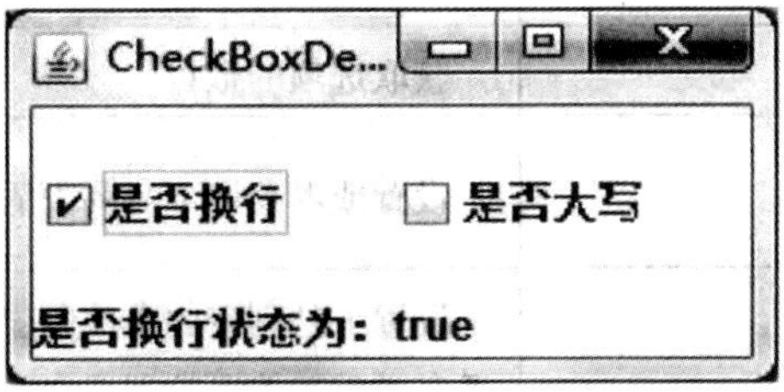

图8-5 例8-3的运行结果

8.2.5 下拉列表

下拉列表可以使用JComboBox<E>来实现,自Java 7开始,JComboBox被定义为泛型类,其中的常用方法见表8-5所列。如果使用Java 7之前的SDK,则用普通JComboBox类,否则使用JComboBox<E>泛型类。下面以泛型类为例说明。下拉列表对象的定义如下所示:

String[]strList={"Google","Baidu",Bing","Sogou"};

JComboBox<String>comboBox=new JComboBox<String>(strList);

在上面两行代码中,因为初始化下拉列表的数据为String类型字符串,所以需要指定泛型类为JComboBox<String>。这样构造出的下拉列表如图8-6所示。

表8-5　JComboBox<E>中常用的方法

方法	功能描述
JComboBox() JComboBox(E[] items) JComboBox(Vector<E> items) void addItem(E item) void insertItemAt(E item,int index)	构造方法，创建下拉列表。下拉列表中的内容可以由items参数指定
	选项被添加或插入下拉列表中。如果使用插入方式，那么将把选项插入指定位置。在该位置上的原来的选项将被挤到后面
E getItemAt(int i) Object getSelectedItem()	获取第i个选项，或者当前被选中的选项
void removeAllItems() void removeItemAt(int i) void removeItem(Object object)	移除一个或者多个选项
int getItemCount()	获取选项的数目
void setEditable(boolean b) boolean isEditable()	设置或者获取下拉列表的是否可编辑
void addActionListener(ActionListener)	设置下拉列表的事件监听器。当用户选中一个选项，或者在可编辑的下拉列表中输入文字并按回车后，监听器里的actionPerformed方法将被调用
void addItemListener(ItemListener)	设置下拉列表的选项状态监听器。当选项的状态发生改变时，监听器里的itemStateChanged方法将被调用

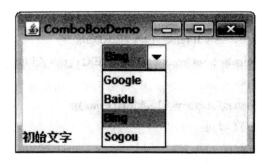

图8-6　下拉列表

例8-4　选择下拉列表中的选项时，会触发ActionEvent事件，这个事件需要通过实现ActionListener接口来处理。本例程序ComboBoxDemo.Java即为详细的处理方法。

import java.awt.*;

```
import java.awt.event.*;
import javax.swing.*;
public class ComboBoxDemo extends JPanel implements ActionListener {
    JComboBox<String> comboBox;
    JLabel label;
    ComboBoxDemo() {
            super(new BorderLayout());
            JPanel panel = new JPanel();
            //创建并设置下拉列表
            String[] strList={"Google","Baidu","Bing","Sogou"};
            //创建下拉列表，列表中的选项为strList中的内容
            comboBox = new JComboBox<String>(strList);
            //默认选中第2个(索引从0开始)，即"Bing"
            comboBox.setSelectedIndex(2);
            //设置事件监听器
            comboBox.addActionListener(this);
            //添加下拉列表到容器
            panel.add(comboBox);
            this.add(panel,BorderLayout.CENTER);
            //纯文字标签的创建和添加
            label = new JLabel("初始文字");
            this.add(label,BorderLayout.SOUTH);
    }
    //下拉列表选项选中时，对应的处理方法
    public void actionPerformed(ActionEvent e) {
            Object s = e.getSource();
            if(s==comboBox)
                    label.setText("被选中的是："+comboBox.getSelectedItem());
    }
    //创建图形用户界面，并显示
    //为了线程安全，这个方法应该从事件调度线程中调用
    private static void createAndShowGUI(){
```

```
//创建并设置窗体
JFrame frame = new JFrame("ComboBoxDemo");
frame.setDefaultCloseOperation(JFrame.EXIT_ON_CLOSE);
//设置内容区
frame.setContentPane(new ComboBoxDemo());
//调整窗体大小
frame.setSize(250,150);
//显示窗体
frame.setVisible(true);
}
public static void main(String[] args) {
    //为事件调度线程安排一个任务
    //创建并显示这个程序的图形用户界面
    Javax.swing.SwingUtilities.invokeLater(new Runnable(){
            public void run(){
                    createAndShowGUI();
            }
    }
}
}
```

8.2.6   文本框与密码框

JTextField是一个轻量级组件，它允许编辑单行文本，其中常用的方法见表8-6所列。当用户在文本框中输完文字并按回车键后，文本框会触发ActionEvent事件。如果希望编辑多行文本，需要使用文本区JTextArea。

表8-6 JTextField中常用的方法

方法	功能描述
JTextField() JTextField(String s) JTextField(String , int n) JTextField(int n)	构造方法。整数参数n用于指定文本框的列数；字符串参数s用于指定文本框中的初始字符串
void setText(String s) String getText()	设置或获取文本框中的字符串
void setEditable(boolean b) boolean isEditable()	设置文本框为是否可编辑；或获取文本框的编辑状态
void setColumns(int n); int getColumns()	设置或获取文本框的列数。这可被用来设置文本框的首选大小
void addActionListener(ActionListener a) void removeActionListener(ActionListener a) void selectAll()	添加或移除事件监听器 选择文本框中的所有字符

密码框也是一种文本框，Swing中的密码框类JPasswordField是JTextField的子类，JPasswordField常用的方法见表8-7所列。在使用方法上二者非常相似，不同的是文本框使用JTextField.getText方法来获取文本框中的内容，密码框需要使用JPasswordField.getPassword方法来获取密码文本。需要特别注意的是，getPassword方法返回的数据类型为字符数组(char[])，而不是String。

表8-7 JPasswordField中常用的方法

方法	功能描述
char[] getPassword()	以字符数组的格式返回密码框中的字符。注意：返回的不是String类型
void setEchoChar(char c) char getEchoChar()	设置或获取密码框中的回显字符。在密码框中输入字符时，往往通过使用某个特定字符(·或*)代替真实字母来显示，这个字母可以用这个方法设置

如同前面提到的其他组件，使用文本框需要先创建文本框对象，并将之放置在某容器里，然后设置事件处理方法。

例8-5 程序TextFieldDemo.Java展示了如何使用文本框和密码框。主窗体上有三个控件：文本框textInput、密码框passwordInput和标签label。文本框和密码框的事件处理方法都是actionPerformed，在文本框或密码框中按回车键时，会激发此方法被执行。

```java
import java.awt.*;
import java.awt.event.*;
import javax.swing.*;
public class TextFieldDemo extends JPanel implements ActionListener{
    JLabel label;
    JTextField textInput;
    JPasswordField passwordinput;
    TextFieldDemo(){
            super(new FlowLayout());
            //创建并设置文本框
            textInput = new JTextField(20);
            textInput.addActionListener(this);
            this.add(textInput);
            //创建并设置密码框
            passwordInput = new JPasswordField(20);
            passwordInput.addActionListener(this);
            this.add(passwordInput);
            //纯文字标签的创建和添加
            label = new JLabel("初始文字");
            this.add(label);
    }
    //修改文本框或密码框时，对应的处理方法
    public void actionPerformed(ActionEvent e){
            Object s = e.getSource();
            if(s==textInput)
                    label.setText("文字是:"+textInput.getText());
            else if(s==passwordInput){
                    String pw = new String(passwordInput.getPassword());
                    label.setText("密码是： "+pw);
            }
    }
    //创建图形用户界面，并显示
```

```
//为了线程安全，这个方法应该从事件调度线程中调用
private static void createAndShowGUI(){
        //创建并设置窗体
        JFrame frame = new JFrame("TextFieldDemo");
        frame.setDefaultCloseOperation(JFrame.EXIT_ON_CLOSE);
        //设置内容区
        frame.setContentPane(new TextFieldDemo());
        //调整窗体大小
        frame.setSize(250,150);
        //显示窗体
        frame.setVisible(true);
}
public static void main(String[] args){
        //为事件调度线程安排一个任务
        //创建并显示这个程序的图形用户界面
        Javax.swing.SwingUtilities.invokeLater(new Runnable(){
                public void run(){
                        createAndShowGUI();
                }
        };
}
}
```

程序运行结果如图8-7所示。

图8-7　例8-5的运行结果

8.2.7　文本区

　　JTextArea文本区能够提供多行纯文本的编辑功能，其常用的方法见表8-8所列。如果希望文本能够使用多种字体、颜色等，需要使用JEditorPane或者其子类JTextPane。

表8-8　JTextArea中常用的方法

方法	功能描述
JTextArea() JTextArea(String s) JTextArea(String s, int r, int c) JTextArea(int r, int c)	构造方法。字符串类型的参数s为文本区的初始文本，整数类型的参数r和c分别为文本区的行数和列数

void setColumns(int c);
int getColumns()
void setRows(int r);
int getRows()
	设置或获取文本区的行数或列数

int setTabSize(int)	设定一个制表符占几个字符的空间
int setLineWrap(boolean)	当一行文字太长时，可以自动换行。默认状态是不自动换行
void append(String s)	在文本区文字的最后面附加字符串s
void insert(String s, int n)	在指定的位置n处插入字符串s
void replaceRange(String s,int start,int end)	将文本区中start和end之间的字符替换为s
int getLineCount()	获取文本区文字的行数
int getLineOfOffset(int offset)	获取偏移量offset所在的行号
int getLineStartOffset(int line) int getLineEndOffset(int line)	获取第line行开始处和结束处的偏移量

　　由于文本区中可能放入大量文字，因此需要配置滚动条。只要以文本区对象为参数，创建一个JScrollPane对象即可。配置滚动条的代码如下：

textArea=newJTextArea(5,20);

JScrollPanescrollPane=newJScrollPane(textArea);

frame.add(scrollPane);

JTextArea的事件与JTextField有较大不同。在文本区中插入和删除字符、改变文本区属性都可触发事件，事件类型为DocumentEvent。为了处理事件，我们需要为文本区对象配置文档事件监视器。监视器需要实现DocumentListener接口，该接口中有三种方法：

void insertUpdate(DocumentEvent e)

void removeUpdate(DocumentEvent e)

void changedUpdate(DocumentEvent e)

例8-6　在程序TextAreaDemo中，窗体上放置了一个JTextArea组件textArea和一个JLabel组件label，label用来显示textArea的状态和信息。

```java
import java.awt.*;
import java.awt.event.*;
import javax.swing.*;
import javax.swing.event.*;
public class TextAreaDemo extends JPanel implements DocumentListener {
    JLabel label;
    JTextArea textArea;
    Text AreaDemo(){
            super(new BorderLayout());
            //创建并设置文本框
            textArea = new JTextArea();
            //为文本框设置滚动条，并将文本框添加到中心区域
            this.add(new JScrollPane(textArea), BorderLayout.CENTER);
            //为文本区设置监听器
            textArea.getDocument().addDocumentListener(this);
            //纯文字标签的创建和添加
            label = new JLabel("我是状态条");
            this.add(label,BorderLayout.SOUTH);
    }
    //实现接口DocumentListener中的三个方法
    public void insertUpdate(DocumentEvent ev){
            label.setText("文字插入事件,字符数:"+textArea.getText().
length()+",光标位于:"+ textArea.getCaretPosition());
```

```
            }
        public void removeUpdate(DocumentEvent ev){
                label.setText("文字删除事件,字符数:"+textArea.getText().
length()+",光标位于:"+ textArea.getCaretPosition());
        }
        public void changedUpdate(DocumentEvent ev) {
                label.setText("属性改变事件,字符数:"+textArea.getText().length()
+",光标位于:"+ textArea.getCaretPosition());
        }
        //创建图形用户界面，并显示
        //为了线程安全，这个方法应该从事件调度线程中调用
        private static void createAndShowGUI(){
                //创建并设置窗体
                JFrame frame = new JFrame("TextAreaDemo");
                frame.setDefaultCloseOperation(JFrame.EXIT_ON_CLOSE);
                //设置内容区
                frame.setContentPane(new TextAreaDemo());
                //调整窗体大小
                frame.setSize(350,200);
                //显示窗体
                frame.set Visible(true);
        }
        public static void main(String[] args){
                //为事件调度线程安排一个任务
                //创建并显示这个程序的图形用户界面
                Javax.swing.SwingUtilities.invokeLater(new Runnable(){
                        public void run(){
                                create AndShowGUI();
                        }
                }
        }
    }
```

程序运行结果如图8-8所示。

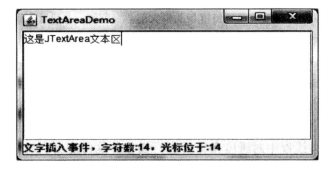

图8-8　例8-6的运行结果

8.3　布局管理器

在GUI程序设计中，把各种组件添加到中间容器或顶层容器中时，组件的添加位置会影响容器的整体外观，如何安排组件在容器中的位置称为容器的布局管理（LayoutManager）。Java语言封装了多种布局管理器类，用于控制组件在容器中的布局方式，另外，还可以自定义布局方式。在程序设计过程中，使用已经封装好的布局管理器类可以节省代码编写时间，提高程序编写速度。

java.awt包和javax.swing包都提供了常用的布局管理器类，这些布局管理器类都实现了java.awt包中的LayoutManager接口，可以使用该接口回调功能。

在GUI程序设计过程中，如果顶层容器中包含中间容器，一般是先通过顶层容器的成员方法getContentPane()获取顶层容器的窗口内容，再通过继承java.awt.Container类的setLayout(LayoutManager lay)设置该容器的布局管理器，从而实现为顶层容器设置布局管理器的目的。如果为中间容器设置布局，可以直接通过继承java.awt.Container类的setLayout(LayoutManager lay)设置该容器的布局管理器。在设置完布局管理器后，我们可以按照布局管理器的布局模板，向顶层容器或中间容器中的相应位置添加组件。

如果不设置布局管理器，Java语言为所有容器类提供了默认布局管理器，如果不调用java.awt.Container类的setLayout(LayoutManager lay)设置该容器的布局管理器，添加组件时就会按照默认的布局安排组件的位置。各种容器的默认布局管理器类见表8-9所列。

表8-9　默认的布局管理器列表

容器类	默认的布局管理器类	容器类	默认的布局管理器类
java.awt.Applet	FlowLayout	javax.swing.JApplet	BorderLayout
java.awt.Frame	BorderLayout	javax.swing.JFrame	BorderLayout
java.awt.Dialog	BorderLayout	javax.swing.JDialog	BorderLayout
java.awt.Panel	FlowLayout	javax.swing.JPanel	FlowLayout

8.3.1　FlowLayout布局

java.awt包中的FlowLayout类是指在当前容器中按行从左到右依次排列组件的布局管理器，它是java.awt包中的Applet类、Panel类和javax.swing包中的JPanel类的默认布局管理器。

容器对象继承java.awt.Container类的add(Component com)方法将组件按照加入的先后顺序从左到右依次排列，依据容器的外观宽度，一行排满后就转到下一行继续从左到右排列，每一行中的组件默认居中排列，组件之间的默认水平和垂直间隙为5个像素，组件大小默认为最佳大小（即恰好能保证显示组件上的内容）。当可以调整容器外观宽度和高度时，容器中的组件会自动调整左右的排列。FlowLayout类的常用构造方法见表8-10所列。

表8-10 FlowLayout类的常用构造方法

构造方法	说明
public FLowLayout()	创建默认居中对齐的FlowLayout对象
public FLowLayout(int align)	创建指定对齐方式的FlowLayout对象
public FLowLayout(int align,int hgap,int vgap)	创建指定对齐方式和组件间隙的FlowLayout对象

例8-7 创建窗体框架，并以FlowLayout布局放置4个命令按钮。

```
import javax.swing.*;
import java.awt.*;
public class FlowLayoutDemo extends JFrame {
    private JButton button1,button2,button3,button4 ; //声明4个命令按钮对象
    public FlowLayoutDemo() {
        this.setTitle ("欢迎使用图书管理系统");        //设置标题
        Container container= this.getContentPane ();      //获得内容窗格
        //设置为FlowLayout的布局，JFrame默认的布局为BorderLayout
        container.setLayout(new FlowLayout(FlowLayout.LEFT));
        //创建一个标准命令按钮，按钮上的标签提示信息由构造方法中
的参数指定
        button1 =new JButton("ButtonA");
        button2 =new JButton("ButtonB");
        button3 =new JButton("ButtonC");
        button4 =new JButton("ButtonD");
        //将组件添加到内容窗格中，组件的大小和位置由FlowLayout布
局管理器来控制
        container.add(button1);
        container.add(button2);
        container.add(button3);
        container.add(button4);
        this.setVisible (true);                      //使窗口显示出来
        this.setSize (300,200);                      //设置窗体大小
```

```
        }
            public static void main(String [] args) {
                new FlowLayoutDemo();

        }
    }
```

程序的运行结果如图8-9所示。

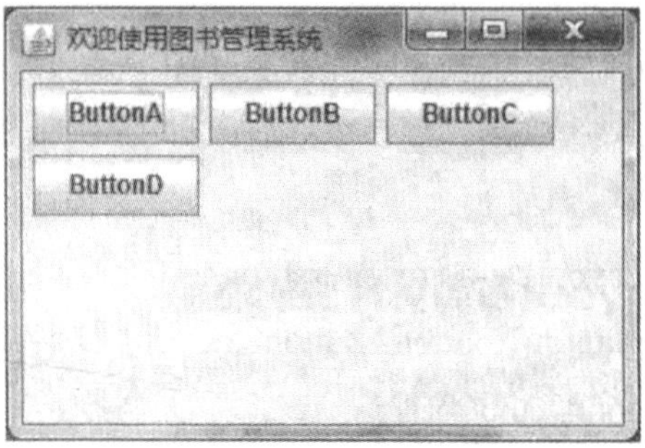

图8-9   运行结果

需要注意的是，如果改变窗口的大小，窗口中组件的布局也会随之改变。

8.3.2   BorderLayout布局

java.awt包中的BorderLayout类是指将当前容器划分为东、西、南、北、中5个区域，分别用常量BorderLayout.EAST、BorderLayout.WEST、BorderLayout.SOUTH、BorderLayout.NORTH、BorderLayout.CENTER表示，中间区域BorderLayout.CENTER占用的空间最大。它是java.awt包中的Frame类、Dialog类和javax.swing包中的JApplet类、JFrame类、JDialog类的默认布局管理器。

容器对象继承java.awt.Container类的add(Component com, int index)方法将组件明确指明添加在容器的哪个区域，添加到某个区域的组件将占据整个区域，每个区域只能默认放置一个组件，如果向某个已经放置组件的区域再添加一个组件，那么先前添加的组件将被后者遮盖。默认情况下，使用BorderLayout布局的容器最多添加5个组件，如果需要添加5个以上组件，必须借助中间容器的嵌套或采用其他布局策略。

BorderLayout类的常用构造方法见表8-11所列。

表8-11　BorderLayout类的常用构造方法

构造方法	说明
public BorderLayout()	创建默认没有组件间隙的BorderLayout对象
public BordderLayout(int hgap,int vgap)	创建指定组件间隙的BorderLayout对象

例8-8　封装了BorderLayout布局管理器的程序，程序运行结果如图8-10所示。

```
//Test8_8.java
public class Test8_8 {
    public static void main(String[] args){
            BorderLayoutFrame blf=new BorderLayoutFrame ("BorderLayout布局");
    }
}
/*
*BorderLayoutFrame.java
*该类封装了一个使用BorderLayout布局管理器的窗口程序
*/
import java.awt.*;
import javax.swing.*;
public class BorderLayoutFrame extends JFrame {
    //定义组件
    JButton jbtw,jbte,jbts;
    JComboBox jcbn;
    JTextArea jtac;
    public BorderLayoutFrame(String title){
            super(title);
            //组件初始化
            jbtw=new JButton("西按钮") ;
```

```
jbte=new JButton("东按钮") ;
jbts=new JButton("南按钮");
jcbn=new JComboBox() ;
jcbn.addItem("顶端对齐") ;
jcbn.addItem("居中对齐") ;
jcbn.addItem("底端对齐") ;
jtac=new JTextArea("中部文本区");
//设置没有组件间隙的布局管理器，在该容器中，该语句可以省略

setLayout(new BorderLayout());
//添加组件到指定区域
add(jbtw,BorderLayout.WEST);
add(jbte,BorderLayout.EAST);
add(jbts,BorderLayout.SOUTH);
add(jcbn,BorderLayout.NORTH);
add(jtac,BorderLayout.CENTER);
//设置窗口属性
setBounds(100,100,250,200);
setVisible(true);
setDefaultCloseOperation(JFrame.EXIT_ON_CLOSE);
        }
    }
```

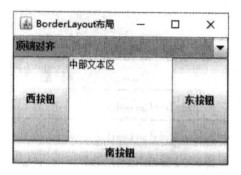

图8-10　BorderLayout布局管理器在窗口中的显示

8.3.3　GridLayout布局

java.awt包中的GridLayout类是指将当前容器划分为若干行×若干列的网格区域，组件就添加在这些划分出来的相同大小的矩形区域内。

容器对象继承java.awt.Container类的add(Component com)方法将组件从第一行开始从左到右依次排列到矩形区域内，当某一行放满了，继续从下一行开始。GridLayout类的常用构造方法见表8-12所列。

表8-12　GridLayout类的常用构造方法

构造方法	说明
public GridLayout()	创建默认的GridLayout对象
public GridLayout(int rows,int cols)	创建指定行数和列数的GridLayout对象
public GridLayout(int rows,int cols,int hgap,int vgap)	创建指定行数和列数及组件间隙的GridLayout对象

使用GridLayout布局管理器的容器默认最多可添加（行数×列数）个组件，而且每个网格矩形区域的大小都相同，其中放置的组件必须与网格矩形区域的大小相同。如果组件的外观与网格区域不匹配，就会造成整个容器外观不协调，此时可以使用容器的嵌套实现复杂的容器外观布局。

例8-9　封装了包含GridLayout布局管理器的容器嵌套实现窗口复杂布局的程序，程序的运行结果如图8-11所示。

```
public class Test8_9 {
    public static void main(String[] args){
        ComplexLayoutFrame clf=new CompⅬexLayoutFrame ("面板嵌套");
    }
}
/*
*ComplexLayoutFrame. java
```

*该类封装了面板嵌套实现窗口复杂布局的程序，大部分GUI程序都是使用容器的嵌套设计合理的窗口布局

```
*/
import java.awt.*;
import javax.swing.*;
public class ComplexLayoutFrame extends JFrame{
    //定义组件
    Container container;
    JPanel p1,p2,p11,p21;
    public ComplexLayoutFrame(String title){
            super(title);
            //由于该顶层容器中包含中间容器，必须先获取窗口内容，才能
添加中间容器
            container=getContentPane();
            container.setLayout (new GridLayout (2,1)); //设置顶层容器布局
            p1=new JPanel(new BorderLayout());//中间容器初始化的同时设置
布局
            p2=new JPanel(new BorderLayout());//中间容器初始化的同时设置
布局
            p11=new JPanel(new GridLayout(2,1));//中间容器初始化的同时设
置布局
            p21=new JPanel(new GridLayout(2,2));//中间容器初始化的同时设
置布局
            p1.add(new JButton("WestButton"),BorderLayout.WEST);
            p1.add(new JButton("EastButton"),BorderLayout.EAST);
            p11.add(new JButton("Button11"));
            p11.add(new JButton("Button12"));
            p1.add (p11,BorderLayout.CENTER) ;//面板p11添加到面板p1中的
中间区域
            p2.add(new JButton("WestButton"),BorderLayout.WEST);
            p2.add(new JButton ("EastButton"),BorderLayout.EAST);
            for(int i=1;i<=4;i++)
            {
            p21.add (new JButton ("Button"+i));
```

```
        }
        p2.add(p21，BorderLayout.CENTER);//面板p21添加到面板p2中的
中间区域

        container.add(p1) ;//面板p1添加到顶层容器中
        container.add(p2) ;//面板p2添加到顶层容器中
        //设置窗口属性
        setLocation(300,400);
        setsize(600,400);
        container.setBackground(new Color(204,204,255));
        setVisible(true);
        setDefaultCloseOperation(JFrame.EXIT_ON_CLOSE);
    }
}
```

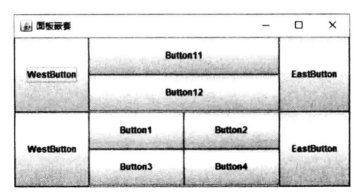

图8-11　容器嵌套实现窗口复杂布局的显示

8.3.4　CardLayout布局

　　java.awt包中的CardLayout类对组件的布局排列类似于叠放扑克牌，组件被层叠放入容器中最先加入的是第一张（在最前面），依次向下排序。使用CardLayout布局时，在同一时刻只能从这些组件中选出一个来显示，就像叠放扑

克牌，每次只能显示其中一张，这个被显示的组件将占据所有的容器空间。

容器对象继承java.awt.Container类的add(Component com)方法将组件从上面向下面依次排放，先加入的组件会挡住后加入的组件。CardLayout类的常用构造方法见表8-13所列。

表8-13　CardLayout类的常用构造方法

构造方法	说明
public CardLayout()	创建一个间距大小为0的CardLayout对象
public GridLayout(int hgap,int vgap)	创建指定水平间距和垂直间距的CardLayout对象

使用CardLayout布局管理器的容器默认只能显示一个组件，该组件将占据所有的容器空间。如果组件的外观与整体区域不匹配，就会造成整个容器外观不协调，此时可以通过使用容器的嵌套来实现复杂的容器外观布局。

例8-10　封装了CardLayout布局管理器的程序，程序的运行结果如图8-12所示。

```java
public class Test8_10 {
    public static void main(String[] args){
            CardLayoutFrame clf=new CardLayoutFrame("CardLayout布局");
    }
}
/*
*CardLayoutFrame. java
*该类封装了 Cardlayout布局管理器的窗口程序
*/
import java.awt.*;
import javax.swing.*;
public class CardLayoutFrame extends JFrame{
    //定义组件
    JButton jbt;
    String s;
    public CardLayoutFrame(String title){
            super(title);
```

```
Container con=getContentPane();
//设置布局
CardLayout card=new CardLayout();
setLayout(card);
for (int i=0;i<5; i++) {
        s="按钮"+(i+1);
        jbt=new JButton(s);
        add(jbt,s);
}
card.show (con,"按钮3");//显示名称为"按钮3"的组件
card.next (con);//显示当前组件的下一个组件"按钮4"
//设置窗口属性
setBounds(100,100,350,300);
setVisible(true);
setDefaultCloseOperation(JFrame.EXIT_ON_CLOSE);
    }
}
```

图8-12　CardLayout布局管理器在窗口中的显示

8.3.5　BoxLayout布局

javax.swing包中的BoxLayout类允许多个组件在容器中沿水平方向或垂直方向排列，当容器的大小发生变化时，组件占用的空间大小也不会发生变化。如果采用沿水平方向排列组件，则当组件的总宽度超出容器的宽度时，组件也不会换

行，而是沿同一行继续排列，超出部分将会被隐藏，只有扩大宽度才能看到。如果采用沿垂直方向排列组件，则当组件的总高度超出容器的高度时，组件也不会换列，而是沿同一列继续排列，超出部分将会被隐藏，只有扩大高度才能看到。BoxLayout类只有一个构造方法：

public BoxLayout(Container con,int axis);

例8-11   封装了BoxLayout布局管理器的程序，程序的运行结果如图8-13所示。

```java
public class Test8_11 {
    public static void main(String[] args){
            BoxLayoutFrame blf=new BoxLayoutFrame("BoxLayout布局");
    }
}
/*
*BoxLayoutFrame.java
*该类封装了利用BoxLayout布局管理器的面板
*组合形成复杂的窗口
*由于顶层容器中包含中间容器，所以需要getContentPane ()获取当前容器
对象
*/
import javax.swing.*;
import java.awt.*;
public class BoxLayoutFrame extends JFrame{
    //定义组件
    JPanel panel1,panel2;
    Container con;
    public BoxLayoutFrame(String title){
            super(title);
            //初始化组件
            con=getContentPane();
            //获取当前容器对象内容
            panel1=new JPanel();
            //设置面板为垂直放置组件的BoxLayout
```

```
panel1.setLayout(new BoxLayout(panel1,BoxLayout.Y_AXIS));
panel2=new JPanel();
//设置面板为垂直放置组件的BoxLayout
panel2.setLayout(new BoxLayout(panel2,BoxLayout.Y_AXIS));
//设置顶层容器窗口为水平放置组件的BoxLayout
con.setLayout(new BoxLayout(con,BoxLayout.X_AXIS));
//面板添加组件
panel1.add (new JLabel ("学号")) ;
panel1.add (new JLabel ("姓名")) ;
panel1.add (new JLabel ("密码")) ;
panel2.add (new JTextField(10)) ;
panel2.add (new JTextField(10) );
panel2.add (new JPasswordField(10)) ;
//顶层容器添加面板容器，形成复杂布局
con. add(panel1);
//使用Box类的方法在两个面板之间添加水平间距30像素
con.add(Box.createHorizontalStrut(30));
con.add(panel2);
//设置窗口的基本属性
setDefaultCloseOperation(JFrame.EXIT_ON_CLOSE);
setSize(300,100);
setVisible(true);
    }
}
```

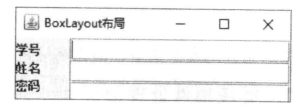

图8-13　BoxLayout布局管理器在窗口中的显示

8.4　事　　件

Java GUI程序不仅要设计出整齐美观的用户图形界面，还要完善程序，使其能够实现人机交互。所谓人机交互就是用户能够通过鼠标、键盘或其他输入设备的操作控制程序的执行流程，从而达到人机交互的目的。使用鼠标、键盘或其他输入设备操作程序界面中的各种组件，使组件能够响应用户的操作，这被称为事件（Event）。例如，移动鼠标，单击按钮组件，在文本框组件中输入字符串等。Java语言对事件的处理仍然采用面向对象的编程思想，对各种事件对象进行封装和处理，程序中的组件对发生的事件做出响应，完成特定的任务。

8.4.1　委托事件处理模型

基于面向对象程序设计的特点，Java GUI程序的事件处理机制采用了委托事件处理模型，组件可以把可能发生在自身的事件分别委托给不同的事件处理者进行处理，主要存在事件源、侦听器和事件处理器三种对象。

8.4.1.1　事件源

事件源（Event Source）是指能够创建一个事件并触发该事件的组件对象。Java GUI程序中大部分的组件都有可能成为事件源，如按钮、文本框、下拉列表或复选框等。

8.4.1.2　侦听器

侦听器（Listener）是指侦听事件发生的对象，它与事件源相互关注。一个组件只有注册了侦听器才会成为事件源，没有注册侦听器的组件是不能成为事件源的。事件源注册了侦听器后，相应的操作就会响应相应的事件，并通知事件处理器。Java程序中的侦听器是实现了一系列接口的类，该类的对象注册到某个组

件对象上就会侦听相应事件是否发生。事件源注册侦听器的一般书写格式为

组件对象.add***Listener（侦听器对象）；

例如，一个按钮对象button注册回车事件侦听器OkListenerClass类的对象oks：

button.addActionListener(oks);

8.4.1.3　事件处理器

事件处理器（Event Handler）是事件处理的真正执行者。事件源注册了侦听器后，当侦听器侦听到有事件发生时，就会自动调用一个方法来处理该事件，而且这个方法必须被重写。符合此条件的就是实现一系列接口的类，当某类实现了接口，就必须重写这些接口中定义的所有方法。与事件处理有关的接口中定义的方法参数都是事件类的对象，这些事件类就是事件处理器。

从事件源、侦听器和事件处理器三者的关系中可以看出，侦听器与事件处理器通常是一类对象。侦听器时刻监听事件源上所有发生的事件类型，一旦该事件类型与自己所负责处理的事件类型一致，就马上进行处理。所谓委托处理模型，就是把事件的处理委托给外部的封装类进行处理，实现了事件源与侦听器分开的机制。

委托事件处理模型如图8-14所示。

一个事件源对象不能触发所有类型的事件，它只能触发与它相适应的事件，也就是说，只能注册与它相适应的侦听器。例如，按钮对象可以触发回车事件，在按钮对象上就可以注册象征回车的动作侦听器，但不能触发文本修改事件，在按钮对象上就不能注册文本事件的侦听器，即使注册了也不会起作用，该侦听器也不会监听到文本事件。每一个事件源对象可以注册多个侦听器，同样，一个侦听器也可以注册到多个事件源对象上。

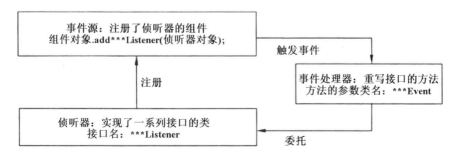

图8-14　委托事件处理模型

java.awt.event包和javax.swing.event包提供了Java GUI程序设计中事件处理的各种事件类，这些事件类都被相应的接口方法进行回调实现事件处理。常用的组件、事件类和接口对应关系见表8-14所列。

表8-14   常用的组件、事件类和接口对应关系

操作说明	组件（事件源）	触发的事件类	侦听器接口
单击按钮	JButton	ActionEvent	ActionListener
在文本框按Enter键	JTextField及其子类	ActionEvent	ActionListener
文本插入符移动	JTextField, JTextArea	CaretEvent	CaretListener
选定一个选项	JComboBox	ItemEvent, ActionEvent	ItemListener, ActionLister
选定（多）项	JList	ListSelectionEvent	ListSelectionListener
单击复选框	JCheckBox	ItemEvent, ActionEvent	ItemListener, ActionLister
单击单选按钮	JRadioButton	ItemEvent, ActionEvent	ItemListener, ActionLister
选定菜单项	JMenuItem	ActionEvent	ActionListener
移动滚动条	JScrollBar	AdjustmentEvent	AdjustmentListener
移动滑动杆	JSlider	ChangeEvent	ChangeListener
窗口打开、关闭、最小化、还原或关闭中	Window及其子类	WindowEvent	WindowListener
按住、释放、单击、回车或退出鼠标	Component及其子类	MouseEvent	MouseListener
移动或拖动鼠标	Component及其子类	MouseEvent	MouseMotionListener
释放或按下键盘上的回车键或退出	Component及其子类	KeyEvent	KeyListener
从容器中添加或删除组件	Container及其子类	ContainerEvent	ContainerListener
组件移动、改变大小、隐藏或显示	Component及其子类	ComponentEvent	ComponentListener
组件获取或失去焦点	Component及其子类	FocusEvent	FocusListener

8.4.2 动作事件

JButton类按钮、JTextField类单行文本框、JTextPassword类密码框、JMenuItem类菜单项和JRadioButton类单选按钮都可以触发ActionEvent类动作事件，它们一般通过单击鼠标来辅助完成。

例8-12 封装了动作事件执行的程序，并应用委托事件处理模型进行了验证。

```java
public class Test8_12 {
    public static void main（String[] args）{
        ActionEventFrame aef=new ActionEventFrame（"动作事件演示"）;
    }
}
/*
*ActionEventFrame.java
*该类封装了添加响应动作事件组件的窗口，实现了GUI外观，事件处理器委托了其他封装类去完成
*/
import java.awt.*;
import javax.swing.*;
public class ActionEventFrame extends JFrame {
    //定义组件，也就是事件源
    JTextField jtf;
    JTextArea jta;
    JButton jtb;
    ActionEventListener listener;
    public ActionEventFrame(String title){
        super(title);
        //初始化组件
        jtf=new JTextField(20);
        jtb=new JButton ("读入文件");
        jta=new JTextArea(9,30);
```

```
            setLayout (new FlowLayout ()) ;   //设置布局管理器
            listener=new ActionEventListener () ; //初始化委托事件处理侦听器
            listener.setTextField(jtf) ;        //传递事件处理的组件对象
            listener.setTextArea (jta) ;        //传递事件处理的组件对象
            //事件源注册侦听器
            jtb.addActionListener(listener);
            jtf.addActionListener(listener);
            //在窗口中添加组件
            add(jtf);
            add(jtb);
            add(new JScrollPane(jta));
            //设置窗口属性
            setBounds(100,100,450,250);
            setVisible(true);
            setDefaultCloseOperation(JFrame.EXIT_ON_CLOSE);
    }
}
/*
*ActionEventListener.java
*该类实现了ActionListener接口，用于处理动作事件
*/
import java. awt.event.*;      //导入ActionEvent类
import java.io.*;
import javax.swing.*;
public class ActionEventListener implements ActionListener {
    JTextField jtf;
    JTextArea jta;
    //传递事件处理的组件对象
    public void setTextField(JTextField jtf){
            this.jtf=jtf;
    }
    //传递事件处理的组件对象
```

```
public void setTextArea(JTextArea jta){
        this.jta=jta;
}
//重写接口中的方法，动作事件ActionEvent的处理代码
public void actionPerformed(ActionEvent e){
        jta.setText(null);
        try{
                File file=new File(jtf.getText());
                //获取文件名，要保证该文件与当前文件在同一目录下
                FileReader fr=new FileReader(file);
                BufferedReader br=new BufferedReader(fr);
                String s=null;
                while((s=br.readLine())!=null){
                        jta.append(s+"\n");
                }
                fr.close();
                br.close();
        }catch(IOException ioe){
                jta.append(ioe. toString());
        }
    }
}
```

（1）事件源。

例8-12 在顶层容器JFrame类的子类ActionEventFrame中添加了三个组件：JTextField类对象jtf、JTextArea类对象jta和JButton类对象jbt。程序的作用为，当在单行文本框jtf中输入某个文件名字后按Enter键或单击按钮jbt时，将该文件中的内容读取到内存并显示在文本区jta中。因此，对象jtf会触发动作事件，对象jtb也会触发动作事件，而对象jta没有触发任何事件。

（2）侦听器。

为了触发动作事件，必须为对象jtf和jtb注册侦听器类的对象，该对象是实现了接口ActionListener的封装类ActionEventListener。

（3）事件处理器。

事件源注册了侦听器后，将该事件类ActionEvent委托给实现了接口ActionListener的封装类ActionEventListener，接口ActionListener中只定义了一个方法，该类必须重写接口ActionListener的方法public void actionPerformed(ActionEvent e)，这个方法的参数就是ActionEvent类，在该方法体内完成事件处理的所有代码。

程序的运行结果如图8-15所示。

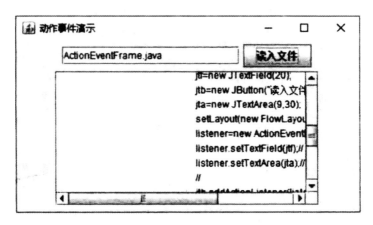

图8-15　动作事件程序的显示

8.4.3　选项事件

JCheckBox类复选框、JComboBox类下拉列表和JList类列表项都可以触发ItemEvent类选项事件，它们一般用于将未选中项变为选中项。

例8-13　封装了选项事件执行的使用程序，并应用委托事件处理模型进行了验证，不过本例题的侦听器类没有单独封装，而是与放置组件的顶层容器框架封装在一起，简化了代码的工作量。程序的运行结果如图8-16所示。

图8-16 选项事件在窗口中的显示

```java
public class Test8_13 {
    public static void main(String[] args){
            ItemEventFrame ief=new ItemEventFrame ("选项事件演示");
    }
}
/*
*ItemEventFrame.java
```

*该类封装了通过下拉列表事件实现一系列数值的升序或降序操作，通过选择排序算法进行排序。该类将委托事件的侦听器接口封装到窗口类中，简化了代码的工作量

*为了实现排序算法，该类通过Sort_Ascending类实现升序，通过Sort_Ascending的子类重写排序方法来实现降序，通过一个程序实现了封装、继承和多态的综合应用

```java
*/
import java.awt.*;
import java.awt.event.*;
import javax.swing.*;
public class ItemEventFrame extends JFrame implements ItemListener{
    //定义组件和数据初始化
    String s=" ";
    int[] a={34,12,8,67,88,23,98,101,119,56,1000,1100};
    int[] a1=new int[a.length];
    JComboBox paix;
    JLabel sjq;
    Container c=getContentPane();
    public ItemEventFrame(String title){
```

```
        super(title);
        //初始化组件，设置布局和添加组件
        setLayout(new BorderLayout());
        sjq=new JLabel();
        toShow(a);
        paix=new JComboBox();
        paix.addItem ("原始数据");
        paix.addIem ("升序");
        paix.addItem ("降序");
        paix.setEditable (false) ;//设置下拉列表选项不可编辑
        c.add(sjq,BorderLayout.CENTER);
        c.add(paix,BorderLayout.NORTH);
        //当前对象就是侦听器，所以this就是被注册到下拉列表paix上
        paix.addItemListener(this);
        //设置窗口属性
        setBounds(100,100,300,120);
        setVisible(true);
        setDefaultCloseOperation(JFrame.EXIT_ON_CLOSE);
    }
    //重写ItemListener接口中的唯一方法
    public void itemStateChanged(ItemEvent e){
        if(e.getItemSelectable() instanceof JComboBox){
            s=(String)(paix.getSelectedItem());
            if (s.equals("原始数据")){
                toShow(a);
            }
            for (int i=0; i<a.length; i++)
                a1[i]=a[i];
            if (s=="升序"){
                Sort_Ascending sa=new Sort_Ascending();
                sa.sort(a1.length,a1);
                toShow(a1);
```

```
                    }
                if (s.equals ("降序")){
                        Sort_Descending sd=new Sort_Descending();
                        sd.sort(a1.length,a1);
                        toShow(a1);
                    }
            }
        }
    //显示数组数据
    public void toShow(int[] a1){
            s=Integer.toString(a1[0]);
            for (int i=1; i<a1.length; i++)
                    s=s+","+Integer.toString (a1[i]);
            sjq.setText(s);
        }
    }
/*
*Sort_Ascending.java
*该类封装了将数组数据按照选择排序算法升序排序的功能
*/
public class Sort_Ascending {
    int i,j,k,swap;
    public Sort_Ascending(){
            i=j=k=swap=0;
        }
    public int[] sort(int t1,int[] t2){
            //选择排序算法
            for(int i=0;i<t1-1;i++) {
                    k=i;
                    for(j=i+1;j<t1;j++)
                            if(t2[j]<t2[k])
                            k=j;
```

```
                        if(k!=j){
                                swap=t2[i];
                                t2[i]=t2[k];
                                t2[k]=swap;
                            }
                    }
                return t2;
            }
        }
        /*
        *Sort_Descending.java
        *该类继承了Sort_Ascending，并重写了排序算法
        */
        public class Sort_Descending extends Sort_Ascending{
            public int[] sort(int t1,int[] t2) {
                    //重写选择排序算法
                    for(i=0;i<t1-1;i++) {
                        k=i;
                        for(j=i+1;j<t1;j++)
                                if(t2[j]>t2[k])
                                k=j;
                        if(k!=j){
                                swap=t2[i];
                                t2[i]=t2[k];
                                t2[k]=swap;
                            }
                    }
                    return t2;
            }
        }
```

8.4.4　文本插入符事件

JTextField类单行文本框和JTextArea类文本区都可以触发CaretEvent类文本插入符事件，它们一般在输入文本时由于插入符位置的更改而更新文本内容。

例8-14　封装了文本插入符事件执行的程序，并应用委托事件处理模型进行了验证，本例题的侦听器类没有单独封装，而是与放置组件的顶层容器框架封装在一起，简化了代码的工作量。程序的运行结果如图8-17所示。

图8-17　文本插入符事件在窗口中的显示

```
public class Test8_14{
    public static void main(String[] args){
            CaretEventFrame cef=new CaretEventFrame ("文本插入符事件");
    }
}
/*
*CaretEventFrame. java
```

*该类封装了回车事件和文本插入符事件的窗口程序。单行文本框组件上同时注册了回车侦听器和文本插入符侦听器。当在单行文本框中输入文本时，随着文本插入符的移动，将单行文本框中的文本复制到文本区中，按Enter键时，清除单行文本框中的内容按钮组件上注册了回车侦听器，单击按钮时，清除文本区

的内容。一个文本区上注册了文本插入符侦听器，随着文本区内文本插入符的移动，文本区中的文本复制到另一个文本区内

*通过getSource()判断每种事件类对象是哪个事件源响应事件，从而自动执行相应代码

*/

```java
import java.awt.*;
import java.awt.event.*;
import javax.swing.*;
import javax.swing.event.*;
public class CaretEventFrame extends JFrame implements ActionListener,CaretListener {
    //定义组件
    JTextField jtf;
    JButton jtb;
    JTextArea jta1,jta2;
    //构造方法初始化组件，设置布局，添加组件，注册侦听器
    public CaretEventFrame(String title){
        super(title);
        setLayout(new FlowLayout());
        jtf=new JTextField(15);
        jtb=new JButton ("清除文本区的内容");
        jta1=new JTextArea(10,10);
        jta2=new JTextArea(10,10);
        add(jtf);
        add(jtb);
        add(jta1);
        add(jta2);
        jtf.addActionListener(this);//当前对象实现了多个接口，被当作侦听器

        jtb.addActionListener(this);
        jtf.addCaretListener(this);
        jtai.addCaretListener(this);
```

```
            //设置窗口属性
            setBounds(100,100,350,280);
            setVisible(true);
            setDefaultCloseOperation(JFrame.EXIT_ON_CLOSE);
    }
    //重写ActionListener接口的唯一方法
    public void actionPerformed(ActionEvent a){
            if(a.getSource()==jtf){
                    jtf.setText("");
            }
            if (a.getSource ()==jtb){
                    jta1.setText(" ");
                    jta2.setText(" ");
            }
    }
    //重写CaretListener接口的唯一方法
    public void caretupdate(CaretEvent e){
            if(e.getSource()==jtf){
                    String s=jtf.getText();
                    jta1.append(s);
                    jta1.append("\n");
            }
            if(e.getSource()==jta1){
                    String s1=jta1.getText();
                    jta2.setText (s1);
            }
    }
}
```

8.4.5　窗口事件

Window类窗口及其子类都可以触发WindowEvent类窗口事件，一个窗口有打开窗口、正在关闭窗口、关闭窗口、激活窗口、变成非活动窗口、最小化窗口和还原窗口等多种事件。

8.4.5.1　窗口侦听器

例8-15　封装了窗口事件执行的程序，并应用委托事件处理模型进行了验证，本例题的侦听器类没有单独封装，而是与放置组件的顶层容器框架封装在一起，简化了代码的工作量。程序的运行结果如图8-18所示。

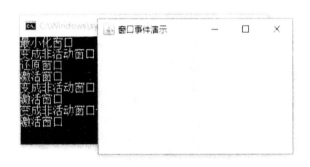

图8-18　窗口事件在窗口的显示

```
public class Test8_15{
    public static void main(String[] args){
            WindowEventFrame wef=new WindowEventFrame ("窗口事件演示
");
    }
}
/*
*WindowEventFrame.java
```
*该类封装了一个空白窗口框架，在该框架上注册了WindowEvent侦听器，实现了WindowListener接口。WindowListener接口定义了7个方法，必须全部都要

实现，即使某个方法没操作也要加上花括号

```
*/
import java.awt.*;
import javax.swing.*;
import java.awt.event.*;
public class WindowEventFrame extends JFrame implements WindowListener{
    public WindowEventFrame(String title){
            super(title);
            addWindowListener (this);//注册窗口事件侦听器
            //设置窗口属性
            setBounds(100,100,300,200);
            setVisible(true);
            setDefaultCloseOperation(JFrame.EXIT_ON_CLOSE);
    }
    //需要把7个接口方法全部实现
    public void windowOpened(WindowEvent e) {//没有方法体也要写出来
    }
    public void windowClosed(WindowEvent e){
            System.out.println("变成非活动窗口");
    }
    public void windowclosing (WindowEvent e) {//没有方法体也要写出来
    }
    public void windowlconified(WindowEvent e){
            System.out.println ("最小化窗口");
    }
    public void windowDeiconified(WindowEvent e){
            System.out.println ("还原窗口");
    }
    public void windowActivated(WindowEvent e){
            System.out.println ("激活窗口");
    }
    public void windowDeactivated(WindowEvent e){
```

```
        System.out.println ("变成非活动窗口");
    }
}
```

8.4.5.2 窗口适配器

因为WindowListener接口定义了7个方法，即使程序用不到某些方法的功能也必须将它们全部实现，这无疑增加了代码的工作量。为了方便起见，Java语言为某些接口提供了Adapter适配器类，这些类提供了侦听器接口中所有方法的默认实现。当使用该类事件时，只需封装一类作为事件所对应的Adapter类的子类，这一类对象作为侦听器注册到事件源上，仅仅重写需要的方法就可以，其他无关的方法就不用实现了，大大简化了代码工作量。一般来说，***Listener接口的适配器类名字为***Adapter，如WindowListener的适配器名字为WindowAdapter。

例8-16　对例8-15进行了修改，假设只用到了其中一个方法的功能，使用窗口适配器类就很方便地实现了该过程。程序的运行结果如图8-19所示。

图8-19　窗口适配器事件在窗口的显示

```
public class Test8_16{
    public static void main(String[] args){
            WindowAdapterFrame waf=new WindowAdapterFrame ("窗口适配
器演示");
    }
```

```
        }
        /*
        *WindowAdapterFrame.java
        *该类使用WindowAdapter类的子类SubWindowAdapter作为侦听器，减少了
代码工作量
        */
        import javax.swing.*;
        public class WindowAdapterFrame extends JFrame {
            SubWindowAdapter swa=new SubWindowAdapter () ;//初始化适配器对象
            public WindowAdapterFrame(String title){
                    super(title);
                    addWindowListener (swa);//注册适配器侦听器
                    //设置窗口属性
                    setBounds(100,100,300,200);
                    setVisible(true);
                    setDefaultCloseOperation(JFrame.EXIT_ON_CLOSE);
            }
        }
        /*
        *SubWindowAdapter. java
        *该类作为WindowAdapter适配器类的子类，只重写了其中的一个方法，其
他方法因为用不到就不用重写了
        */
        import java.awt.event.*;
        public class SubWindowAdapter extends WindowAdapter{
            public void windowlconified(WindowEvent e){
                    System.out.println ("最小化窗口");
            }
        }
```

8.4.6　鼠标事件

与鼠标操作有关的GUI程序都可以触发MouseEvent类鼠标事件，任何组件都可以注册鼠标侦听器而成为鼠标事件源。例如，鼠标进入组件、退出组件、在组件上方单击鼠标或拖动鼠标等都会导致MouseEvent类创建一个事件对象。

8.4.6.1　鼠标侦听器

委托MouseEvent类事件处理器的鼠标侦听器有MouseListener接口和MouseMotionListener接口两种。实现MouseListener接口的方法共有5个，见表8-15所列。实现MouseMotionListener接口的方法共有两个，见表8-16所列。要想使用MouseEvent类事件，必须重写上述接口的所有方法。

表8-15　MouseListener接口中的抽象方法

抽象方法	说明
public void mousePressed(MouseEvent e)	在事件源上按下鼠标键触发的鼠标事件
public void mouseClicked(MouseEvent e)	在事件源上单击鼠标键触发的鼠标事件
public void mouseReleased(MouseEvent e)	在事件源上释放鼠标键触发的事件
public void mouseEntered(MouseEvent e)	鼠标进入事件源触发的事件
public void mouseExited(MouseEvent e)	鼠标离开事件源触发的事件

表8-16　MouseMotionListener接口中的抽象方法

抽象方法	说明
public void mouseDragged(MouseEvent e)	拖动鼠标时触发的鼠标事件
public void mouseMoved(MouseEvent e)	移动鼠标时触发的鼠标事件

8.4.6.2　鼠标适配器

和窗口侦听器使用方式相类似，可以封装一个类作为MouseAdapter类或MouseMotionAdapter类鼠标适配器的子类，用到鼠标的哪个操作就只重写该方法，从而简化了代码的工作量。

　　例8-17　封装了一类鼠标适配器使用的程序，程序的运行结果如图8-20所示。

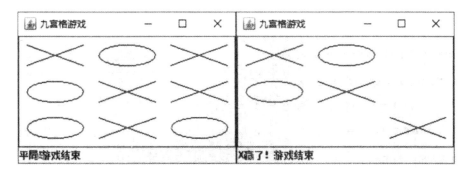

图8-20　鼠标适配器事件在窗口中的显示

```java
public class Test8_17{
    public static void main(String[] args){
            TicTacToe ttt=new TicTacToe("九宫格游戏");
    }
}
/*
*TicTacToe.java
```

*该类封装了一个利用鼠标单击事件模拟三子棋的游戏。两个用户在3×3的网格中轮流将各自的标记填在空格中（╳或⬯）。如果一个用户在网格的水平方向、垂直方向或对角线方向放置三个连续标记，则得胜。如果网格的所有单元格都标满了标记而还没有连续，就会出现平局。在窗口容器中的面板上绘制标记，并利用鼠标单击事件显示标记的GUI对象

```java
*/
import java.awt.*;
import java.awt.event.*;
import javax.swing.*;
import javax.swing.border.LineBorder; //导入画边框线的类
public class TicTacToe extends JFrame{
    private char whoseTurn='X' ;
```

```java
private Cell [ ] [ ] cells=new Cell [3][3]; //定义单元格类对象
private JLabel jlblStatus=new JLabel("X用户先走");
public TicTacToe(String title){//构造方法显示窗口界面
        super (title);
        JPanel p=new JPanel(new GridLayout(3,3,0,0));
        for(int i=0;i<3;i++){
                for(int j=0;j<3;j++){
                        p.add(cells[i][j]=new Cell());
                }
        }
        p.setBorder(new LineBorder(Color.RED,1));
        jlblStatus.setBorder(new LineBorder(Color.YELLOW,1));
        add(p,BorderLayout.CENTER);
        add(jIblStatus,BorderLayout.SOUTH);
                //设置窗口属性
                setSize(300,200);
                setVisible(true);
                setDefaultCloseOperation(JFrame.EXIT_ON_CLOSE);
        }
        public boolean isFull(){//判断单元格是否布满
                for(int i=0;i<3;i++)
                        for(int j=0;j<3;j++)
                                if (cells[i] [j].getToken()==' ')
                        return false;
                return true;
        }
        public boolean isWon(char token) {//判断赢的结果
                for(int i=0;i<3;i++)
                        if((cells[i][0].getToken()==token)&&(cells[i][1].
getToken()==token)
                                && (cells[i] [2].getToken()==token))
                        return true;
```

```
            for(int j=0;j<3;j++)
                    if((cells[0][j].getToken()==token)&&(cells[1][j].
getToken()==token)
                            && (cells [2] [j].getToken ()==token))
                    return true;
            if((cells[0][0].getToken()==token)&&(cells[1][1].
getToken()==token)
                            &&(cells[2][2].getToken()==token))
                    return true;
            if((cells[0][2].getToken()==token)&& (cells[1][1].
getToken()==token)
                            &&(cells[2][0].getToken()==token))
                    return true;
            return false;
    }
    class Cell extends JPanel{//定义内部类绘制单元格面板
            private char token=' ';
            public Cell (){
                    setBorder(new LineBorder(Color.BLACK,1));
                    addMouseListener (new MyMouseListener ());//在
单元格内注册鼠标事件适配器
            }
            public char getToken(){
                    return token;
            }
            public void setToken(char c){
                    token=c;
                    repaint () ;//调用系统绘制图形的方法
            }
            public void paint (Graphics g) {//调用绘制图形的方法，系
统自动调用
                    super.paintcomponent(g);
```

```
                        if(token=='X'){
                                g.drawLine(10,10,getWidth()-
10,getHeight()-10);
                                g.drawLine(getWidth()-
10,10,10,getHeight()-10);
                        }else if(token=='0'){
                                g.drawOval(10,10,getWidth()-20,
getHeight()-20);
                        }
                }
                //作为内部类Cell的内部类继承MouseAdapter适配器类，只重写
了一个方法
                private class MyMouseListener extends MouseAdapter{
                public void mouseClicked(MouseEvent e){
                        if(token==' '&&whoseTurn!=' '){
                        setToken(whoseTurn);
                        if(isWon(whoseTurn)){
                                jlblStatus.setText (whoseTurn+"赢
了！游戏结束");
                                        whoseTurn=' ';
                        }else if(isFull()){
                                jlblStatus.setText ("平局!游戏结束
");
                                        whoseTurn=' ';
                        }else{
whoseTurn=(whoseTurn=='X')?'0':'X';
                                        jlblStatus.setText (whoseTum+"用
户走");
                                }
                        }
                }
```

```
            }
        }
    }
```

8.4.7　焦点事件和键盘事件

FocusEvent类焦点事件和KeyEvent类键盘事件通常结合在一起使用。焦点事件侦听器（包括焦点事件适配器）主要用来处理获取或失去键盘焦点的事件，获得键盘焦点事件是指当前事件源可以接收从键盘上输入的字符，失去键盘焦点事件是指当前事件源不能接收到来自键盘输入的字符。键盘事件侦听器（包括键盘事件适配器）主要用来处理来自键盘的输入，例如，按下键盘上的某个键，放开某个键或输入某个键盘上的字符等。

委托FocusEvent类事件处理器的焦点侦听器为FocusListener接口，实现FocusListener接口的方法共有两个，见表8-17所列。要想使用FocusEvent类事件，必须重写上述接口的所有方法。委托FocusEvent类事件处理器的焦点适配器为FocusAdapter类，要想使用FocusEvent类事件，可以封装FocusAdapter类的子类，并重写其中所需要处理的抽象方法。

表8-17　FocusListener接口中的抽象方法

抽象方法说明	说明
public void focusGained(FocusEvent e)	处理获得键盘焦点的事件
public void focusLost(FocusEvent e)	处理失去键盘焦点的事件

委托KeyEvent类事件处理器的键盘侦听器为KeyListener接口，实现KeyListener接口的方法共有三个，见表8-18所列。要想使用KeyEvent类事件，必须重写上述接口的所有方法。委托KeyEvent类事件处理器的焦点适配器为KeyAdapter类，要想使用KeyEvent类事件，可以封装KeyAdapter类的子类，并重写其中所需要处理的抽象方法。

表8-18   KeyListener接口中的抽象方法

抽象方法说明	说明
public void keyTyped(KeyEvent e)	处理从键盘输入某个字符的事件
public void keyPressed(KeyEvent e)	处理按下键盘某个键的事件
public void keyReleaseded(KeyEvent e)	处理放开键盘某个键的事件

例8-18   封装了一类焦点事件和键盘事件使用的程序，程序的运行结果如图8-21所示。

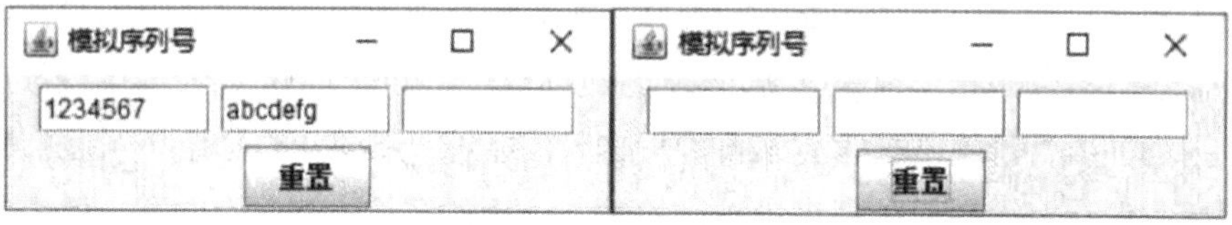

图8-21   焦点侦听器事件和键盘侦听器事件在窗口的显示

```
public class Test8_18{
    public static void main(String[] args){
        FocusKeyEventFrame fkef=new FocusKeyEventFrame ("模拟序列
号" );
    }
}
/*
*FocusKeyEventFrame.java
```

*安装程序时经常要求输入序列号，并且要在几个文本框中依次输入。每个文本框输入的字符数都是固定的，当在第一个文本框中输入了恰好的字符个数后，输入光标会自动转移到下一个文本框中。单击按钮会将所有文本框中的内容清除，由于单行文本框没有注册回车事件，在单行文本框中回车时不会响应事件

```
*/
import j ava.awt.*;
import javax.swing.*;
import java.awt.event.*;
```

```java
public class FocusKeyEventFrame extends JFrame implements
ActionListener,FocusListener,KeyListener{
        JButton jbt;
        JTextField[] text;
        public FocusKeyEventFrame(String title)( super(title){
        jbt=new JButton ("重置");
        text=new JTextField[3];
        setLayout(new FlowLayout());
        for (int i=0; i<3; i++) {
                text [i]=new JTextFleld(7);
                text [i].addFocusListener (this);//文本框注册焦点事件
                text [i].addKeyListener (this); //文本框注册键盘事件
                add(text[i]);
        }
        jbt addActionListener (this) ;//按钮注册动作事件
        add(jbt);
        text[0].requestFocusInWindow(); //默认焦点光标出现在第一个文本
框内

        //设置窗口属性
        setBounds(100,100,300,100);
        setVisible(true);
        setDefaultCloseOperation(JFrame. EXIT_ON_CLOSE);
    }
    //实现ActionListener接口的方法，只有按钮会响应
    public void actionPerformed(ActionEvent e){
        for(int i=0;i<3;i++){
                text[i].setText(null);
        }
    }
    //实现KeyListener接口的方法，只有一个方法有操作，但其他方法也必须
重写空的方法体
    public void keyPressed(KeyEvent e){
```

```
                JTextField jtf=(JTextField)e.getSource();
                if (jtf.getCaretPosition()>=6){
                        jtf.transferFocus();
                }
        }
        public void keyTyped(KeyEvent e){
        }
        public void keyReleased(KeyEvent e){
        }
```

//实现FocusListener接口的方法，只有一个方法有操作，但其他方法也必须重写空的方法体

```
        public void focusGained(FocusEvent e){
                JTextField jtf=(JTextField)e.getSource();
                jtf.setText(null);
        }
        public void focusLost(FocusEvent e){
        }
}
```

8.4.8　系统托盘图标支持

基于Windows系统设计GUI程序时，几乎所有的程序都有最小化到桌面任务栏的功能，这被称为系统托盘。桌面的系统托盘即当程序最小化或者关闭按钮程序并不是退出，而是最小化在任务状态区域，当单击那个区域所在的图标时有提示以及其他操作。在Microsoft Windows上，它被称为"任务栏状态区域（Taskbar Status Area）"，系统托盘由运行在桌面上的所有应用程序共享。Java由两个类来实现系统托盘图标支持：SystemTray类和TrayIcon类。在某些平台上，可能不存在或不支持系统托盘，所以要首先使用SystemTray.isSupported()来检查当前的系统是否支持系统托盘，SystemTray可以包含一个或多个TrayIcon，可以使用add（TrayIcon icon）方法将它们添加到托盘，当不再需要托盘时，可以使用

remove（TrayIcon icon）方法移除它。

Trayicon由图像、弹出菜单和一组相关侦听器组成。每个Java应用程序都有一个SystemTray实例，在应用程序运行时，它允许应用程序与桌面系统托盘建立连接。SystemTray实例可以通过getSystemTray()方法获得。

例8-19　封装了一类系统托盘图标支持使用的程序，程序的运行结果如图8-22所示。

```java
public class Test8_19 {
    public static void main(String[] args){
            SystemTrayFrame stf=new SystemTmyFrame ("系统托盘图标");
    }
}
/*
*SystemTrayFrame. java
*该类封装了由图像、弹出菜单和一组相关侦听器组成的系统托盘功能。当
前窗口最小化时，程序以图标的方式放置在任务栏的通知区域，双击图标时，窗
口还原到原来的状态
*/
import java.awt.*;
import javax.swing.*;
import java.awt.event.*;
public class SystemTrayFrame extends JFrame implements ActionListener{
    JButton jbt1,jbt2;//定义按钮对象
    //初始化窗口组件、添加组件和注册按钮回车事件
    public SystemTrayFrame(String title){
            super(title);
            jbt1=new JButton("置于托盘");
            jbt2=new JButton("系统退出");
            setLayout(new FlowLayout());
            jbt1.addActionListener(this);
            jbt2. addActionListener(this);
            add(jbt1);
            add(jbt2);
```

```
                SystemTray () ;//调用系统托盘支持事件
                //设置窗口属性
                setBounds(100,100,300,100);
                setVisible(true);
                setDefaultCloseOperation(JFrame.EXIT_ON_CLOSE);
        }
        public void actionPerformed(ActionEvent e){
                if(e.getSource()==jbt1){
                        setVisible (false) ; //所谓最小化，就是将窗口隐藏不显示
                }
                if(e.getSource()==jbt2){
                        System.exit(0);
                }
        }
        public void systemTray(){
                if(SystemTray.isSupported()){
                        //获得系统托盘
                        SystemTray tray=SystemTray.getSystemTray();
                        //图标图像文件和当前文件在同一目录下
                        Image image=Toolkit.getDefaultToolkit ().getImage
("arrow.gif");
                        //创建弹出式菜单
                        PopupMenu popupMenu=new PopupMenu();
                        //创建托盘图标，注册鼠标适配器，使用匿名类对象重写
了单击事件
                        TrayIcon trayIcon=new TrayIcon(image,"系统托盘",
popupMenu);
                        trayIcon.addMouseListener(new MouseAdapter(){//匿名类
对象
                                public void mouseClicked(MouseEvent e){
                                        if (e.getClickCount()==2) {
                                                setVisible(true);
```

```
                    }
                }
        }) ; //此处分号不可缺少
        try{
                tray.add(trayIcon);
        } catch (Exception e){
                e.printStackTrace();
        }
    } else {
        System.out.println ("系统不支持托盘图标");
        return;
    }
  }
}
```

图8-22　系统托盘图标在窗口中的显示

8.4.9　GUI程序设计过程

Java语言的GUI程序设计不仅要设计出良好的人机交互外观，同时要触发流畅的人机交互事件。Java语言提供了java.awt包、java.awt.event包、javax.swing包和javax.swing.event包中的相关组件类和事件类完成Java GUI程序设计的大部分功能。

要实现一个完整的GUI程序，通常要按照以下步骤进行：

（1）导入java.awt包、java.awt.event包、javax.swing包、javax.swing.event包和其他相关包。

（2）封装一类作为顶层容器类（JFrame、JDialog）的子类并实现一系列侦听器接口。

（3）在该封装类中定义相关组件，预先设计相关组件对象名称。

（4）在该封装类中编写构造方法，构造方法的作用是用来设计顶层容器的外观，在构造方法中完成组件对象的初始化、顶层容器的布局，添加组件、组件注册侦听器、顶层容器的外观属性等。

（5）设计GUI程序中实现功能算法的成员方法，以便在事件处理器中被调用。

（6）重写侦听器接口的所有方法，在重写方法中的事件处理器时，调用相关算法的成员方法。

（7）封装程序执行主类，创建GUI类的对象，测试GUI程序效果。

9　JDBC数据库编程

由于数据库在数据查询、修改、保存、安全等方面有着其他数据处理手段无法替代的地位，因此许多应用程序都使用数据库进行数据的存储与查询。本章主要对JDBC驱动程序、JDBC中常用的类和接口、JDBC数据库操作、应用JDBC事务、使用JDBC驱动程序编程、DBUtils通用类等内容进行详细叙述。

9.1　JDBC　概　述

JDBC（Java DataBase Connectivity）是Java语言定义的一个SQL调用级的数据库编程接口。通过JDBC API，编程人员不用关心底层数据库的细节差别，就能以统一的应用程序接口访问数据库。

9.1.1　JDBC驱动程序

JDBC驱动程序有以下4类：

（1）JDBC-ODBC桥接（JDBC-ODBC Bridge）驱动程序。Sun公司在Java 2中免费提供了JDBC-ODBC桥接驱动程序，供存取标准的ODBC数据源。然而，

Sun公司建议除开发很小的应用程序外，一般不使用这种驱动程序。

（2）JDBC结合本地API桥（JDBC-Native API Bridge）驱动程序。这类驱动程序将JDBC的调用转换成具体数据库系统的本地API调用，Oracle、Sybase、Informix、DB2等数据库系统均提供了本地API。

（3）JDBC结合中间件（JDBC-Middleware）的驱动程序。这类驱动程序必须在数据库管理系统的服务器上安装中间件软件，该中件将JDBC转换为具体数据库系统的本地API调用。

（4）纯JDBC驱动程序（Pure JDBC）。这类驱动程序全由Java写成，所有存取数据库的操作直接由JDBC驱动程序完成，它属于专用的驱动程序，要靠数据库厂商提供支持。

9.1.2　ODBC数据源配置

为了能够在应用程序中以统一的方式连接各种数据库，微软开发了开放数据库互联（ODBC）规范，它支持应用程序以标准的ODBC函数和SQL语句操纵各种不同的数据库。在配置ODBC数据源时，要根据数据库的类型选择相应的ODBC驱动程序，应用程序中只要指定数据源的名称即可，从而使应用程序的编写独立于数据库。

ODBC数据源的配置过程如下所示。

（1）在Windows的"控制面板"中选择"管理工具"，在管理工具中选择"数据源（ODBC）"图标，出现ODBC数据源管理窗口。

（2）选择"系统DSN"选项卡。

（3）单击"添加"，出现创建新数据源对话框，选择对应数据库的ODBC驱动程序。

（4）出现"ODBC Microsoft Access安装"对话框，在"数据源名"文本框内输入程序中要使用的数据源的名称。

（5）单击数据库的"选择"，将出现选择数据库的对话框，通过驱动器下拉框选择驱动器，通过目录浏览选择数据库所在目录，在数据库选择栏将出现可选数据库列表，选中所需数据库。

（6）单击"确定"，即完成数据源的添加。

9.2 JDBC中常用的类和接口

9.2.1 JDBC中常用的类、接口

JDBC进行数据库开发的接口主要在如下两个包中。java.sql：JDBC的主要功能在Java 2平台标准版（J2SE）上；javax.sql：拓展功能在Java 2平台企业版（J2EE）上。

JDBC常用的类和接口方法如下。

（1）java.sql（J2SE）包常用的类、接口方法见表9-1所列。

表9-1　java.sql 包中常用的类、接口方法

序号	类、接口方法名称	说明
1	Driver	驱动，用来连接数据库
2	DriverManager	驱动管理，从驱动列表中找到合适的驱动去连接数据库
3	Connection	数据库的连接是其他数据操作对象的基础
4	Statement, PreparedStatement	向数据库发送SQL语句
5	CallableStatement	调用数据库中的存储过程
6	ResultSet	获取SQL查询语句的结果集

上述表中的DriverManager类是数据库驱动管理，它的主要功能是获取数据库的连接，其常用的连接数据库的方法见表9-2所列。

表9-2　连接数据库的方法

返回类型	方法名	作用
static Connection	getConnection(String url)	与给定的服务器数据库URL建立连接
static Connection	getConnection(String url,Properties info)	与始定的服务器数据库URL建立连接，数据库用户名、密码可以通过类Propertics的属性设置
static Connection	getConnection(String url, Stringusername,String password)	与给定的服务器数据库URL建立连接，给定数据库用户名、密码

（2）javax.ql（J2EE）包常用的类、接口方法见表9-3所列。

表9-3 javax.ql（J2EE）包中常用的类、接口方法

序号	类、接口方法名称	说明
1	DatabaseMetaData	数据库的元数据，包含数据库的版本号、名称、含有的表、用户等
2	ResultSetMetaData	查看查询结果集的一些信息，包含列数、每个列的类型等

此外，TYPE实现Java语言的数据类型与数据库的数据类型之间的映射。

9.2.2 Statement接口

Statement接口是Java执行数据库操作的一个重要方法，在已经建立数据库连接的基础上，向数据库发送要执行的SQL语句。

得到连接对象后，我们就可以调用它的createStatement()，创建SQL语句（Statement）对象以及在连接对象上完成各种操作。下面是Connection接口创建Statement对象的方法。

（1）public Statement createStatement()。一个Statemnent 对象被创建。如果这个Statement对象用于查询，那么调用它的executeQuery()返回的ResultSet是一个不可滚动、不可更新的ResultSet。

（2）public Statement createStatement（int resultType,int concurrency）。一个Statement对象被创建。如果这个Staterment 对象用于查询，那么这两个参数决定executeQuery()返回的ResultSet是不是一个可滚动、可更新的ResultSet。

一旦创建了Statement对象，就可以用它来向数据库发送SQL语句，实现对数据库的查询和更新操作等。

（1）执行查询语句。使用Statement接口的下列方法向数据库发送SQL查询语句。

public ResultSet executeQuery（String sql）

该方法用来执行SQL查询语句。参数sql为用字符串表示的SQL查询语句。查询结果以ResultSet对象返回，一般称为结果集对象，在ResultSet对象上可以逐

行逐列地读取数据。

使用该方法创建的ResultSet对象是一个不可滚动的结果集，或者说是一个只能向前滚动的结果集，即只能从第一行向前移动，直到最后一行为止，而不能向后访问结果集。

（2）执行非查询语句。使用Statement接口的下列方法向数据库发送非SQL查询语句。

public int executelpdate（String sql）

该方法执行由字符串sql指定的SQL谱句，该语句可以是INSERT. DELETE、UPDATE语句或者无返回值的SQL语句，如SQL.DDL语句CREATETABLE。返回值是更新的行数，如果语句没有返回则返回值为0。

①publice boolean execute(String sql)：执行可能有多个结果集的SQL语句，sql为任何的SQL语句。如果语句执行的第一个结果为ResultSet对象，该方法返回true，否则返回false。

②public int[] executeBatch()：用于在一个操作中发送多条SQL语句。

（3）释放Statement。与Connection对象一样，Statement对象使用完毕后应该用close()将其关闭，释放其占用的资源。但这并不是说在执行了一条SQL语句后就立即释放这个Statement对象，因为同一个Statement对象执行了多个SQL语句。

9.2.3 ResultSet接口

结果集（ResulSet）是数据库中查询结果返回的一种对象，可以说结果集是一个存储查询结果的对象，它不仅具有存储的功能，同时还具有操纵数据的功能。完成处理结果集的方法有很多，我们在此介绍常用的方法。

next()方法的功能是将指示器下移一行，使下一行变成当前行。在使用ResulSet对象前，必须调用next()方法一次，让它指向第一行。

getXXX()方法有两种指明要提取的列的方式。

（1）从当前指定列中提取不同类型的数据。

rs.getInt("ID");//读取ResultSet对象rs当前行中列名为ID的整型值

rs.getString("Name");//读取ResultSet对象rs当前行中列名为Name的字符串值

（2）给出列的索引（列序号），1代表首列，2代表第2列，以此类推。

string s=rs.getString(2);//提取当前行中的第2列数据

需要注意的是，列序号指的是结果集中的列序号，而不是原表中的列序号。

9.3　操作数据库

9.3.1　JDBC连接创建

9.3.1.1　使用JDBC-ODBC进行桥连

使用JDBC-ODBC进行桥连的步骤如下。

（1）配置数据源。控制面板→管理工具→ODBC数据源→系统DSN。

（2）编程。编程通过桥连方式与数据库建立连接。

Class.forName("sun.jdbe.odbe.JdbcOdbeDriver");//JDBC-ODBC桥驱动类的完全限定类名

Connection con = DriverManager.getConnection("jdbe;odbe;tw","tt","t2");//数据源名称

9.3.1.2　本地协议完全Java驱动连接建立

本地协议完全Java驱动把JDBC调用转换为符合数据库系统规范的请求，即直接转为DBMS所使用的网络协议，完全由Java实现，其连接步骤如下。

首先，下载数据库厂商提供的驱动程序包（本例以MySQL数据库为例，MySQL数据库驱动目前为mysql-connector-java-5.x-bin.jar），然后将驱动程序包加入工程目录。

通过完全Java驱动方式与数据库建立连接的方式如下所示。

Class.forName("com.mysql.jdboc.Driver"); //或Class.forName("org.gjt.mm.mysql.Driver");

String url = jdbe:mysql://IP:3306/test;//IP为数据库IP地址，如本机是localhost，test为数据库名

//jdbc:mysql://[<IP/Hlost>][<PORT>]/<DB>

Connection connection=DriverManager.getConnection("jdbe:mysql://IP: 3306/test","root.","wjj");

不同类型数据连接不同URL，常用的数据库连接URL如下所示。

（1）SQLServer数据库连接。

Connect.ion connection = DriverManager.getConnection("jdbc:microsoft:sqlserver://IP:1433;DatabaseName=test","wjj","123");

（2）Oracle数据库连接。

Conmection connection = DriverManager.geConetion("jabc:oracle:thin:@at IP:1521:tst","oo.","123");

或Connection connectiton=Driverlanager.gtConnection("iabc:oracle,oci:@ IP:1521:test，root","123");

（3）WeblogicMS-SQL数据库连接。

Connection connect ion = DriverManager.getConnection("jdbe:weblogict mssqlserver4:test@//IP:port","wjj","123");

9.3.2　JDBC访问数据库

在进行JDBC访问数据库操作前，如果采用上述的完全Java方式访问数据库，就需要提前加载数据库厂商的驱动jar包。JDBC访问操作数据库共6个步骤，本节以MySQL数据库为例，其步骤如下所示。

（1）注册驱动。

Class. forName("com.mysql.jdbc.Driver");//注意有可能抛出异常，需异常处理

（2）利用DriverManager获取一个数据库连接。

String url ="jdbc:mysql ://IP:3306/test";

String user="wjj";

String password="123";

Connection con = Dr iverManager.getConnect ion(url,user,password);

（3）获取各种Statement。

Statement sta = con.createStatement();

PreparedStatement ps = con.prepareStatement(sql);

CallableStatement cs= con.prepareCall(sql pl);//sql pl:{call PL NAME(??)}

（4）可执行相应的SQL。

①查询操作。

sta.executeQuery(sql);ps.executeQuery();

cs.registerOutParameter(index,Types);

cs.getXXTypes(index);

②非查询的操作。

sta.execute(sq1);

ps.execute();

sta.executeUpdate(sql);

ps.executeUpdate();

cs.execute();

(5)处理ResultSet。

ResultSet rs = ps.executeQuery();

while(rs.next()){Types var = rs.getTypes(columnIndex colunnName);

(6)关闭打开的资源。

sta.close();

connection.close();

9.3.3　JDBC应用实例

下述代码包含了访问数据库的6步，也包含了创建MyTable数据库表，具体如下：

packageww.bcpl.cn;

import java.sql.* ;

public classMyDataTest {

public static void main(StringC)args){

```
Connect ion con;
Statement st;
ResultSet rset;
try
//step 1 Register a driver
Class.forName("org.gjt.mm,mysq1.Driver");
//step 2 Establish a connection to the database
con = DriverManager.getConnection("jdbc:mysql://1ocalhost:3306/test","root"，
"wjj");
    /*第二种连接方式示例
    * Properties properties = new Properties();
    *properties.setProperty("username"," root");
    * properties.setProperty(" password"， "wij");
    *Connection connection =*DriverManager.getConnection("jdbc:mysql://IP:3306/
test",properties);
    */
//step 3 create a statement
st = con.createStatement();
//step 4 & 5 Execute SQL statement & Process the Resultset
st. execute("create table MyTable(id int not null auto increment,name varchar(20)
not null,age integer,pr imary key(id));");
System.out.pr intln("create table successfully");
    }catch(SQLException e){
System.out.println("The table has been created. You can' t create it again,please
use the old table");
st.execute("delete from MyTable;");
System.out.println("The all old data have been deleted successfully");
System.out.println();
    /*
st.execute("create table if not exists MyTable (name varchar(20)not null pr imary
key,age integer);");
System.out.pr intln("create table successfully"); */
```

```
st.execute("insert into MyTable values(lisit,22);");
st.execute(str);
System.out.println("nsert successfully");
st.execute("select.from MyTable;");
rset= st.getResultSet();
String name;
int age;
while(rset.next()){//Process the Resultset
name = rset.getStr ing("name");
age= rset.getInt("age");
System.out.println("name is: "+ name+"age is:"+ age);
System.out.Println();
st.execute("update MyTable set age= 12 where name = "linan";");
System.out.println("upDate successfully");
st.execute("delete from MyTable where name= Li' ;");
System.out.println("Delete some data successfully");
System.out.println();
st.execute("select*from MyTable");
rset = st.getResultSet();
while(rset.next()){
name = rset.getStr ing("name" );
age = rset.getInt("age");
System.out.println("name is:"+name+age is:"+ age);
//step 6 close down JDBC objects
rset.close();
st.close();
con.close();
catch(Exception e){
System.out.println("failed");
e.printStackTrace();
```

9.4　应用JDBC事务

9.4.1　事务

事务是SQL提供的一种机制，用于强制数据库的完整性和维护数据的一致性。事务的思想是：如果多步操作中的任何一步失败的话，则整个事务回滚；如果所有步骤都成功，则这个事务可以提交，从而把所有的改变保存到数据库中。

JDBC提供对事务的支持，默认情况下事务是自动提交的，即每次执行executeUpdate()语句，相关操作都是即时保存到数据库中的。

如果不想让这些SQL命令自动提交，则可以在获得连接后通过下面的语句关闭自动提交：

conn.setAutoCommit(false);

然后执行JDBC操作命令，假设所有操作都能正确执行，在操作语句之后加上如下的语句就能提交事务，所做的改动将保存到数据库中：

conn.commit();

如果操作中出现异常，调用下面的语句可以使事务回滚，所做的改动不会保存到数据库中：

conn.rollback();

例9-1　DB.java、TransCommit Test.java、运用事务机制对Contact表进行操作，先添加一条记录，再修改其部分字段值，添加、修改操作要么都执行，要么都不执行。

Contact表结构见表9-1所列。

表9-1　Contact表结构

字段名	字段类型	字段长度	可否为空	是否主键	说明
id	int	11	not null	primary	编号、主键
name	varchar	10	not null	—	姓名

字段名	字段类型	字段长度	可否为空	是否主键	说明
sex	varchar	1	null	—	性别
age	smallint	2	null	—	年龄
phone	varchar	11	null	—	联系电话
email	varchar	30	null	—	邮件地址

```java
package ch10;
import java.sql.Connection;
import java.sql.PreparedStatement;
import java.sql.ResultSet;
import java.sql.SQLException;
public class TransCommitTest{
    private Connection conn=null;
    private PreparedStatement pstmt=null;
    private ResultSetrs=null;
    //获得连接对象
    private void prepareconnection(){
        try{
            if(conn==null||conn.isclosed()){
                conn=DB.getConn();
            }
        }catch(SQLException e){
        e.printStackTrace();
        }
    }
    //关闭数据库连接
    private void close(){
        try{
            if(rs!=null){
                rs.close();
            }
```

```
        if(pstmt!=null){
            pstmt.close();
        }
        if(conn!=null){
            conn.close();
        }
    }catch(SQLException e){
        System.out.println("关闭连接异常："+e.getMessage());
    }
}
//使用事务方式进行添加、修改操作
public void testrrans(){
    prepareConnection();
    try{
        //设置事务为手动提交模式
        conn.setAutoCommit(false);
        //添加联系人Tom
        String sql="INSERT INTO contact(name,sex,age,phone,email)"
        +"VALUES(?,?,?,?,?)";
        pstmt=conn.prepareStatement(sql);
        pstmt.setString(1,"Tom");
        pstmt.setString(2,"女");
        pstmt.setInt(3,18);
        pstmt.setString(4, "18812345678");
        pstmt.setString(5,"tome sina.com");
        pstmt.executeUpdate();//执行添加
        int i=10/0;
        //人为干预：增加一个异常，用于测试回滚
        //删除此行代码，数据库操作可以正常执行
        //修改Tom的性别
        sql="UPDATE contact set sex=?where name=?";
        pstmt=conn.prepareStatement(sql);
```

```java
        pstmt.setstring(1,"男");
        pstmt.setstring(2,"Tom");
        pstmt.executeUpdate();//执行修改
        //提交事务
        conn.commit();
    }catch(Exception e){
        //为捕获/0异常，测试回滚操作而改为Exception
        System.out.println{e.getMessage()
        try{
            conn.rollback();
            //若异常产生，回滚操作（添加、修改都不执行）
        }catch(SQLException e1){
            e1.printStackTrace();
        }finally{
            Close();
        }
    }
    //查询并显示记录
    public void queryAll(){
        prepareConnection();
        String sql="SELECT*FROM contact";
        try{
            pstmt=conn.prepareStatement(sql);
            rs=pstmt.executeQuery();//执行查询
            While(rs.next()){
                For(inti=1;i<=5;i++){
                    System.out.print(rs.getString(i)+"\t");
                }
                System.out.println();
            }
        }catch(SOLException e){
            System.out.println("查询记录异常:"+e.getMessage());
```

```
        }finally{
            close();
        }
    }
    public static void main(String[] args){
        TransCommitTest pst=new TransCommitTest();
        pst.testTrans();
        pst.queryAll();
    }
}
```

当执行到"int i=10/0;"语句时抛出异常，程序执行流程转到catch子句，执行其中的事务回滚操作"conn.rollback();"语句，使得添加、修改操作都不会保存到数据库，Contact表没有变化。

若将"int i=10/0;"注释掉，没有异常产生，则执行到事务提交语句"conn.commit();"时，添加、修改操作都将更新到数据库。读者可以自行修改代码，观察程序的运行结果。

事务处理步骤如下所示。

（1）常规事务处理。

```
try{//①设置自动提交为false
con.setAutoCommit(false);
//②创建SQL语句
PreparedStatement st = con. prepareStatement("update book set name = ? where id=?");
st.setString(1,"hibernate4");
st.setInt(2,2);
st.executeUpdate();
//③提交
con.commit();
}catch(Exception e){
//④如果有异常发生，则回滚到原来的状态
con.rollback();
}finally{
```

```
//⑤设置成为默认状态
con. setAutoCommit(true);
```
（2）设置隔离级别的事务处理。
```
try{
//step1设置连接事务的隔离级别
conn.setTransactionIsolat ion(Connection.TRANSACTION SERIALIZABLE);
// step2同（1）
…
}
```

9.4.2　使用DAO访问数据库

在项目开发中，根据代码所起的作用可以将代码分为界面显示代码、业务处理代码、逻辑控制代码、数据访问代码、数据传输代码等。实践经验表明，将这些代码封装到各自独立的类文件中，可以提高系统的可维护性并且增加代码的可重用性。

DAO是Data Access Object数据访问对象。数据访问是与数据库打交道，对数据库中的数据进行添删改查的操作，在项目开发中数据访问对象夹在业务逻辑与数据库资源中间。使用数据库访问对象可以将数据库的相关操作代码，如加载驱动、建立数据库连接、数据库添删改查、关闭连接等操作封装起来。上层代码需要对数据库访问时直接调用数据库访问对象中的相关方法，对于上层代码来说，数据库的操作是不可见的。

在如下的例9-2中，主类Contact Test通过命令行接受指令对数据库表Contact进行添删改查的操作，所有的数据库操作都封装到ContactDAO类中。ContactDAO类本质上是一个普通的Java类，在它里面封装了数据库的操作后它就成为一个DAO。在ContactDAO中使用到的Contact类用来表示一个实体，与数据库中的Contact表对应。

例9-2　DB.java、Contact.java、ContactDAO.java、Contact Test.java。
```
package ch10;
public class Contact{
```

```java
private int id;
private String name;
private String sex;
private int age;
private String phone;
private String email;
public Contact(){
}
public Contact(int id,String name,String sex,int age,String phone,String email){
    this.id=id;
    this.name=name;
    this.sex=sex;
    this.age=age;
    this.phone=phone;
    this.email=email;
}
public int getId(){
    return id;
}
public void setId(int id){
    this.id=id;
}
public String getName(){
    return name;
}
public void setName(String name){
    this.name=name;
}
public String getSex(){
    return sex;
}
public void setSex(String sex){
```

```java
        this.sex=sex;
    }
    public int getAge(){
        return age;
    }
    public void setAge(int age){
        this.age=age;
    }
    public String getPhone(){
        return phone;
    }
    public void setPhone(String phone){
        this.phone=phone;
    }
    public String getEmail(){
    return email;
    }
    public void setEmail(String email){
        this.email=email;
    }
}
package ch10;
import java.sql.Connection;
import java.sql.Preparedstatement;
import java.sql.ResultSet;
import java.sql.SQLException;
import java.util.ArrayList;
import java.util.List;
public class ContactDAO{
    private Connection conn=null;
    private PreparedStatement pstmt=null;
    private ResultSet rs=null;
```

```
//获得连接对象
private void prepareConnection(){
    try{
        if(conn==null||conn.isclosed()){
            conn=DB.getConn();
        }
    }catch(SQLException e){
        e.printStackTrace();
        }
}
//关闭数据库连接
private void close(){
    try{
        if(rs!=null){
            rs.close();
        }
        if(pstmt!=null){
            pstmt.close();
        }
        if(conn!=null){
            conn.close();
        }
    }catch(SQLException e){
        system.out.println("关闭连接异常:"+e.getMessage());
    }
}
//回滚操作
private void rollback(){
    try{
        conn.rollback();
    }catch(SQLException e){
        System.out.println("回滚失败:"+e.getMessage());
```

```
        }
    }
    //添加
    public int addcontact(Contact c){
        int result=0;
        prepareConnection();
        String sql="INSERT INTO contact"
            +"(name,sex,age,phone,email)"
            +"VALUES(?,?,?,?,?)";
        try{
            pstmt=conn.preparestatement(sql);
            pstmt.setString(1,c.getName());
            pstmt.setString(2,c.getSex());
            pstmt.setInt(3,c.getAge());
            pstmt.setString(4,c.getPhone());
            pstmt.setString(5,c.getEmail());
            result=pstmt.executeUpdate();
        }catch(SQLException e){
            rollback();
            e.printStackTrace();
        }finally{
            close();
        }
        return result;
    }
    //删除
    public int delContact(Contact c){
        int result=0;
        prepareConnection();
        string sql="DELETE from contact WHERE id=?";
        try{
            pstmt=conn.preparestatement(sql);
```

```
        pstmt.setInt(1,c.getId());
        result=pstmt.executeUpdate();
    }catch(SQLException e){
        rollback();
        e.printStackTrace();
    }finally{
        close();
    }
    return result;
//修改
public int updcontact(Contact c){
    int result=0;
    prepareconnection();
    string sql="UPDATE contact SET"
    +"NAME=?,sex=?,age=?,phone=?,email=?WHERE id=?";
    try{
        pstmt=conn.preparestatement(sql);
        pstmt.setString(1,c.getName());
        pstmt.setString(2,c.getSex());
        pstmt.setInt(3,c.getAge());
        pstmt.setstring(4,c.getPhone());
        pstmt.setString(5,c.getEmail());
        pstmt.setInt(6,c.getId());
        result=pstmt.executeUpdate();
    }catch(SQLException e){
        rollback();
        e.printStackTrace();
    }finally{
        close();
    }
        return result;
}
```

```java
//查询所有记录
public List<Contact>getAllContacts(){
    List<Contact>all=new ArrayList<Contact>();
    prepareConnection();
    String sql="SELECT*FROM contact";
    try{
        pstmt=conn.prepareStatement(sql);
        rs=pstmt.executeQuery();
        while(rs.next()){
            //每一条记录转存成Contact对象
            Contact one=new Contact();
            one.setId(rs.getInt("id"));
            one.setName(rs.getString("name"));
            one.setSex(rs.getString("sex"));
            one.setAge(rs.getInt("age"));
            one.setPhone(rs.getString("phone"));
            one.setEmail(rs.getString("email"));
            all.add(one);//Contact对象存入集合all
        }
    }catch(SQLException e){
        System.out.printLn("查询记录异常:"+e.getMessage());
    }finally{
        close();
    }return all;
    }
}
package ch10;
import java.util.Lis;
import java.util.Scanner;
import java.util.StringTokenizer;
public class ContactTest{
    public static void main(String[]args) {
```

```java
System.out.println
("查询全部记录请输入\"1回车\"");
System.out.println
("查询指定记录请输入\"2#对应id回车\"");
System.out.println
("删除记录请输入\"3#对应id回车\"");
System.out.println
("添加记录请输入\"4#name#sextaget phone#email回车\"");
System.out.println
("修改记录请输入\"5#对应id name#sext age#phone#email回车\"");
System.out.println
("结束请输入\"6回车\"");
Scanner scanner=new Scanner(System.in);
ContactDAOconDao=new ContactDAO();
while(true){
    String s=scanner.next();
    String cmd=s.substring(0,1);
    String query=s.substring(1);
        if(cmd.equals("1")){
        List<Contact>all=conDao.getAllContacts();
        System.out.println
        ("| id | name | sex | age | phone | email |");
        for (Contact c:all){
            system.out.print("|");
            system.out.print(c. getId());
            system.out.print("|");
            System.out.print(c.getName());
            System.out.print("|");
            System.out.print(c.getsex());
            System.out.print("|");
            System.out.print(c.getAge());
            System.out.print("|");
```

```
            System.out.print(c.getPhone());
            System.out.print("|");
            System.out.print(c.getEmail());
            System.out.println("|");
        }
    } else if(cmd. equals("2")){
    }else if (cmd. equals("3")){
    }else if(cmd.equals("3")){
    }else if(cmd.equals("4")){
        Stringrokenizer stk=new StringTokenizer(query,"#");
        Contactc=new Contact();
        c.setName(stk.nextToken());
        c.setSex(stk.nextToken());
        c.setAge(Integer.parseInt(stk.nextToken()));
        c.setPhone(stk.nextToken());
        c.setEmail(stk.nextToken());
        int i=conDao.addContact(c);
        System.out.println("插入"+i+"条记录");
    }else if(cmd.equals("5")){
    }else if(cmd.equals("6")){
        System.exit(0);
    }
  }
 }
}
```

　　本节介绍了DAO访问数据库的基本思想和实现方法，在实际项目开发中会在本节例程的基础上衍生出多种实现形式，不管最终代码形式如何，DAO的核心思想是不会变的，即将对数据库的操作代码封装在DAO对象中，上层代码访问数据库时，不需要写数据库相关代码，直接调用DAO中的方法即可。

9.4.3　元数据

JDBC中有两种元数据，一种是数据库元数据，另一种是ResultSet元数据。元数据是描述存储用户数据容器的数据结构。

数据库元数据用来获取具体的表的相关信息，如数据库的版本、名称等，以及数据库中有哪些表，表中有哪些字段和字段的属性等。

JDBC的两种元数据如下所示。

（1）DatabaseMetaData。它用来获得数据库的相关信息。

DatabaseMetaData dbmd = con.getMetaData();//通过connection对象获得

System.out.println(dbmd.getDatabaseProductName()); //获得数据库的产品名称

System.out.println(dbmd.getDriverName());//获得数据库的驱动名称

System.out.println(dbmd. getSchema());//获得数据的Schema（MySql为database名称，Oracle为用户名称）

public String getDriverName()throws SQLException

public String getDriverVersion()throws SQLException

（2）ResultSetMetaData。它用来获得表的信息。

ResultSet rs = ps.executeQuery(sql);

Resul tSetMetaData rsmd = rs.getMetaData();//通过ResultSet对象获得

int column = rsmd.getColumnCount();//获得总列数（有多少列）

System.out.println(rsmd.getColumnName(1));//获得列名（参数为列的索引号，从1开始）

System.out.println(rsmd.getColunnTypeName(1));//获得列的数据类型名

System.out.println(rsmd.getTableName(1));//获得表名

//打印结果集

public static void printRS(ResultSet rs)throws SQLException{

ResultSetMetaData rsmd=rs.getMetaData();

while(rs.next()){

for(int i=1;i<=rsnd.getColumnCount();i++){

Str ing colName=rsmd.getColumnName(i);

String colValue=rs.getString(i);

if(i>1)

```
System.out.print(",");
System.out.print(name+"="+value);
System.out.println();
```

9.4.4 数据源应用

创建数据源应用:

```
package sample;
import java.sql.Connection;
import java.sql.SQLException;
import javax.sql.DataSource;
import oracle.jdbc.pool.OracleDataSource;
import com.mysql.jdbc.jdbc2.opt ional.MysqlDataSource;
public class DataSourceTest{
public static Connection getConnMysql(){
Mysq1DataSource ds = new MysqlDataSource();
ds. setServerName("localhost");
ds. setPortNumber(3306);
ds. setDatabaseName("test");
ds. setUser("root" );
ds. setPassword("123");
Connection con=null;
try {
con = ds.getConnection();
System.out.println(con);
catch(sQLException e){
e.printStackTrace());
finally(
try
con.close();
```

```
} catch(SQLExceptione){
e.printStackTrace();
return con;
public static Connect ion getConnOracle(){
OracleDataSource ds= null;
Connection con=null
try{
ds = new OracleDataSource();
//ds.setURL("jdbe:oracle;thin:@localhost:1521:orc1");
ds.setDriverType("thin");
ds.setServerName("localhost");
ds.setPortNumber(1521);
ds.setDatabaseName("orcl");
ds.setUser("iie");
ds.setPassword("123");
con=ds.getConnection();
System.out.println(con);
catch(SQLException e){
e.printStackTrace();
finally{
try (
con.close();
catch(SQLException e){
e.printStackTrace()};
return con;
//@param args
public static void main(String[] args){
DataSourceTest.getConnMysql();
```

9.5　使用JDBC驱动程序编程

在JDBC工作中，供程序员编程调用的接口与类集成在java.sql和javax.sql包中，java.sql包中常用的有DriverManager类、Connection接口、Statement接口和ResultSet接口。

（1）DriverManager类根据数据库的不同，注册、载入相应的JDBC驱动程序，JDBC驱动程序负责直接连接相应的数据库。

（2）Connection接口负责连接数据库并完成传送数据的任务。

（3）Statement接口由Connection接口产生，负责执行SQL语句，包括增、删、改、查等操作。

（4）ResulSet接口负责保存Statement执行后返回的查询结果。

9.5.1　JDBC程序模板

JDBC API完成3件事，即通过Connection接口建立与数据库的连接、通过Statement接口执行SQL语句以及通过ResultSet接口处理返回结果。使用JDBC API编写JDBC程序的工作模板由7个部分组成。

（1）注册JDBC驱动。

try{

　　Class.forName("com.microsoft.sqlserver.idbc.SQLServerDriver");

　　//SQL Server驱动程序

　　//也可为其他DBMS的驱动程序

（2）处理异常。

Catch(classNotFoundException e){

　　system.out.pintln("无法找到驱动类");

}

（3）用JDBC URL标识数据库，建立数据库连接。

try{

Connection con =DriverManager.getConnection(JDBC URL;数据库用户名;密码);

//例如：

connection con=DriverManager.getConnection("jdbc：sqlserver://localhost:1433;

DatabaseName=student","sa","123456");

//SQL Server数据库为student，用户名为sa，密码为123456

（4）发送SQL语句。

tatement stmt=con.createstatement();

Resultset rs=stmt.executeQuery(SQL语句);

（5）处理结果。

```
While(rs.next()){          //指向rs记录集第一行
    int x=rs.getInt(1);      //第1列的整型数据
    String s=rs.getString(2); //第2列的字符串
    float f=rs.getFloat(3);   //第3列的float型数据
}
```

（6）释放资源。

con.close();

（7）处理异常。

```
{
Catch(SQLException e){
    e.printStackTrac();
}
```

例9-3 使用JDBC专用驱动程序示例。

```
package chapter10;
import java.sql.*;
public class OnlyJdbc{
public static void main(String args[])
    try{
    Class.forName("com.microsoft.sqlserver.jdbc.SQLServerDriver");
    //加载驱动程序
        system.out.println("JDBC驱动程序加载成功!");
```

```
    }
    Catch(Exception e){
        System.out.println("无法载入JDBC驱动程序!");
    }
    try{
        //以下注释的4条语句等价于下面的一条数据库连接语句
        //string sconn="jdbc:sglserver://localhost:1433;Data-baseName=student";
        //连接数据库
        //string sUser="sa";
        //string sPass="123456";
        //Connection con=DriverManager.getConnection(sConn,sUser,sPass);
            Connection con=DriverManager.getconnection("jdbc:sqlserver://localhost:1433;DatabaseName=student","sa","123456");
        //连接数据库
        System.out.println("数据库连接成功!");
    }
    Catch(sQLException e){
        System out.println("SQL异常");
    }
    }
}
```

9.5.2 使用JDBC实现学生成绩管理系统

我们可以用上面学到的知识设计一个简易的教务管理系统，为了避免复杂的GUI代码，这里我们开发一个基于文本的界面系统，系统界面功能如下所述：

0.退出系统；

1.列学生名单；

2.新增学生;

3.删除学生;

4.新增选课;

5.列出学生成绩表;

6.登录成绩;

7.新增课程;

8.删除课程;

请输入您的选择（0~8）;

系统用三个类来实现，MainClass完成菜单的显示和调度，类TEASystem完成教务管理系统的实际功能，DbConnect实现对连接的管理。DbConnect的代码见前面，这里给出类MainClass代码。

```java
import java.util.Scanner;
public class MainClass{
    private static void pressAnyKey(Scanner scanner){
        String str=scanner.next();
    }
    private static int menuInput(Scanner scanner){
        System.out.println("欢迎使用简易教务管理系统!");
        System.out.println("0.退出系统;");
        System.out.println("1.列学生名单;");
        System.out.println("2.新增学生;");
        System.out.println("3.删除学生;");
        System.out.println("4.新增选课;");
        System.out.println("5.列出学生成绩表;");
        System.out.println("6.登录成绩;");
        System.out.println("7.新增课程;");
        System.out.println("8.删除课程;");
        System.out.print("请输入您的选择(0-8);");
        int menuIndex=-1;
        while(menuIndex<0 || menuIndex>8){
            menuIndex=scanner.nextInt();
        }
```

```
                return menuIndex;
        }
        public static void main(String[] args){
                Scanner scanner=new Scanner(System.in);
                boolean runSystem=true;
                while(runSystem){
                        switch(menulnput(scanner)){
                        case1:
                                TEASystem.listStudent();
                                pressAnyKey(scanner);
                                break;
                        case2:
                                TEASystem.insertStudent(scanner);
                                break;
                        default：
                                runSystem=false;
                        }
                        if(!runSystem)break;
                }
                System.out.print("已退出系统，谢谢您使用本系统!");
        }
}
```

类TEASystem的部分代码，未完成的方法可以仿照前面的范例编写，由读者自己完成。

```
import java.sql.Connection;
import java.sql.ResultSet;
import java.sql.Statement;
import java.util.Scanner;
public class TEASystem{
        public static void listStudent(){
                Connection conn=null;
                Statement state=null;
```

```
            ResultSet rs=null;
            try{
                    conn=DbConnect.getConnection);
                    String sql="select Sno,Sname,Ssex,Sbirth from Student";
                    state=conn.createStatement);
                    //state.executeUpdate(sql);
                    rs=state.executeQuery(sql);
                    System.out.printf("%-18s%-10s%-10s%-10s\n","学号","姓名","性
别","出生年月");
                    while(rs.next()){//显示查询结果
                        System.out.printf("%-10s%-10s%-10s%-10s\n",rs.
getString(1),rs.getString(2),rs.getString(3),rs.getDate(4).toString());
                    }
                    if(rs!=null){
                            rs.close();
                    }
                    if(state!=null){
                            state.close();
                    }
            }catch(Exception ex){
                    ex.printStackTrace);
            }finally{
                    DbConnect.close(conn);
            }
        }
        public static void insertStudent(){
            //添加学生记录代码
        }
        public static void deleteStudent(){
            //删除学生记录代码
        }
        public static void insertSC(){
```

```
        //新增选课记录代码
    }
    public static void listSC(){
        //列出选修记录代码
    }
    public static void updateSC_Score){
        //登录成绩代码
    }
    public static void insertCourse(){
        //添加课程记录代码
    }
    public static void deleteCourse(){
        //删除课程记录代码
    }
}
```

9.6　DBUtils通用类

这里给出了我们自定义的JDBC通用类的代码案例。

jdbcConfig.properties

driverClassName=org.git.mm.mysql.Driver

url=jdbe:mysql:/localhos:3306/tickerdb?useUnicode=true&characterEncoding=utf-8

username=rootpassword=root

DBUtils public class

DBUtils{

　　static Connection conn;static PreparedStatement pstmt;static ResultSet rs;

　　//这是个单例模式的例子

```
static public Connection getConnection(){
    try{
        Properties properties=new Properties();
        properties.load(DBUtils.class.getResourceA sStream
("jdbcConfig.properties"));
            if(conn==null){
                Class.forName(properties.getProperty("driverClassName");
                conn=DriverManager.getConnection(properties.getProperty
("url"),properties.getProperty("username"),properties.getProperty("password");
            }
        }catch(Exceptione){
            System.out.printin("数据库连接失败");
        }
        return conn;
    }
    static public List<Map<String,Object>>query(String sql,Object...arg){
    List<Map<String,Object>>list=new ArrayList<Map<String,Object>>0;
    try{
        pstmt=conn.prepareStatement(sql);
        for(inti=0;i<arg.length;i++){
            pstmt.setObject(i,arg[i]);
        }
        rs=pstmt.executeQuery();
        ResultSetMetaData rsmd=rs.getMetaData);
        while(rs.next()){
            Map map=new HashMap();
            for (inti=0;i<rsmd.getColumnCount();i++){
                map.put(rsmd.getColumnLabel(i+1),rs.getObject(i+1);
            }
            list. add(map);
        }
    } catch(Exceptione){
```

```java
        e.printStack Trace();
    }
    return list;
}
static public int update(String sql,Object...arg){
    try{
        pstmt=conn.prepareStatement(sql);
        for(inti=0;i<arg.length;i++){
            pstmt.setObject(i+1,arg[i]);
        }
        inti=pstmt.executeUpdate);
        return i;
    }catch(Exceptione){
System.out.println(e.getMessage());
        return0;
}
static public void close(){
    try{
        if(rs!=null)
            rs.close();
        if(pstmt!=null)
            pstmt.close();
        if(conn!=null)
            conn.Close();
    }catch(Exceptione){
        System.out.println("关闭失败");
        }finally{
        System.out.println("关闭数据库结束");
        }
    }
}
```

参 考 文 献

[1]李春青. Java程序设计[M]. 天津：天津大学出版社，2019.

[2]吴金舟，鞠凤娟. Java语言程序设计[M]. 北京：中国铁道出版社，2017.

[3]杨厚群. Java程序设计[M]. 北京：中国铁道出版社，2015.

[4]邢海燕，陈静，卜令瑞. Java程序设计案例教程[M]. 北京：北京理工大学出版社，2021.

[5]王全新. Java语言程序设计[M]. 北京：北京邮电大学出版社，2020.

[6]马晓敏，姜远明，曲霖洁. Java网络编程原理与JSP Web开发核心技术[M]. 北京：中国铁道出版社，2018.

[7]任淑霞. Java EE轻量级框架应用与开发[M]. 天津：天津大学出版社，2019.

[8]迟殿委，王健. 深入浅出Java编程[M]. 北京：清华大学出版社，2021.

[9]赵景辉，孙莉娜. Java语言程序设计[M]. 北京：机械工业出版社，2020.

[10]张锦盛. Java程序语言基础[M]. 北京：北京理工大学出版社，2018.

[11]徐俊武. Java语言程序设计与应用[M]. 武汉：武汉理工大学出版社，2019.

[12]胡耀文. Java语言程序设计[M]. 北京：清华大学出版社，2020.

[13]唐友，郭鑫. Java语言程序设计[M]. 哈尔滨：哈尔滨工业大学出版社，2016.

[14]朱庆生，古平. Java程序设计[M]. 2版. 北京：清华大学出版社，2017.

[15]方巍. Java EE架构设计与开发实践[M]. 北京：清华大学出版社，2017.

[16]刘卫国，李激. Java语言程序设计[M]. 北京：中国铁道出版社，2016.

[17]毕静. Java语言程序设计基础[M]. 北京：北京航空航天大学出版社，2017.

[18]魏永红，张中伟，宋志卿.Java语言程序设计教程[M].西安：西安交通大学出版社，2016.

[19]袁明兰，王晓鹏，孔春丽.Java程序设计[M].北京：希望电子出版社，2018.

[20]贾振华.Java语言程序设计[M].北京：中国水利水电出版社，2010.

[21]孟祥飞.Java程序设计[M].北京：北京理工大学出版社，2019.

[22]罗刚.Java程序设计基础[M].西安：西安电子科技大学出版社，2018.

[23]肖英.Java程序设计基础[M].武汉：华中科技大学出版社，2017.

[24]马秀麟，曹良亮，邬彤，等.Java语言程序设计[M].北京：北京师范大学出版社，2018.

[25]杨文艳，田春尧.Java程序设计[M].北京：北京理工大学出版社，2018.

[26]魏郧华，陈娜，赵海波.数据结构Java语言描述[M].武汉：华中科技大学出版社，2019.

[27]邢静宇，邱雅，钱鸽，等.Java语言程序设计[M].长春：吉林大学出版社，2015.

[28]李红日.Java程序设计研究[M].北京：北京理工大学出版社，2019.

[29]余平，王金凤，陈海珠，等.Java程序设计[M].北京：北京邮电大学出版社，2018.

[30]臧文科，许文杰，马骁，等.Java语言程序设计[M].西安：西安交通大学出版社，2014.

[31]赵伟，李东明，赵青，等.Java语言[M].北京：北京航空航天大学出版社，2011.

[32]杨龙平，李湘林.Java程序设计[M].北京：中国铁道出版社，2017.

[33]陈树峰.Java抽象类和接口浅析[J].今日科苑，2011（2）：160.

[34] 阳小兰，钱程，赵海廷.Java中抽象类和接口的使用研究[J].软件导刊，2010，9（10）：56-58.

[35]潘红改，李国贞.JavaGUI布局管理方法探讨[J].漯河职业技术学院学报，2013，12（2）：59-60.

[36]王发，艾红.基于ARM7人机接口与UDP协议的数据采集[J].北京信息科技大学学报（自然科学版），2014，29（1）：90-94.

[37]罗正蓉.应用ASP技术开发在线测试系统[J].科技资讯，2011（26）：23-24.

[38]邢琛. 浅谈网页开发中的JSP技术[J]. 电脑迷，2018（08）：141.

[39]汪君宇. 基于JSP的Web应用软件开发技术分析[J]. 科技创新与应用，2018（16）：158-160.

[40]赵晨. 简析JSP技术及其在WEB应用软件开发中的应用[J]. 计算机产品与流通，2017（11）：27.

[41]蒋治学. JSP技术及其在动态网页开发中的应用分析[J]. 浙江水利水电学院学报，2020，32（2）：75-77.

[42]高进，孙彬，沈洋. 基于Java技术的分布式异构数据库Web访问技术[J]. 信息系统工程，2017（11）：26

[43]马黎. 基于JDBC技术的配送管理系统的研发[J]. 商丘职业技术学院学报，2018，17（3）：89-92.

[44]王建. 基于Java语言的数据库访问技术应用研究[J]. 计算机产品与流通，2017（8）：24-25.

[45]王岩，刘振东，王康平，等. 面向企业应用的Java教学框架探索[J]. 计算机教育，2018（2）：63-66.

[46]吴周霄，郑向阳. 基于JSP技术的动态网页开发技术[J]. 信息与电脑（理论版），2018（8）：13-15.